森林から農地まであらゆる環境に様々な土壌動物が生息している．
本を読んだらさっそく探しに行こう！
①オサムシ（捕食性），②ミミズ（腐植食性），③アリ，④陸貝類，
⑤トビムシ，⑥アメーバ，⑦ヤスデ，⑧ダンゴムシ，⑨ワラジムシ，
⑩コガネムシ幼虫，⑪カニムシ，⑫クモ，⑬ケダニ，⑭ムカデ，
⑮サソリモドキ，⑯モグラ，⑰ササラダニ

土の中の生き物たち

撮影／根本崇正・吉田　譲

▼エダヒゲムシ科の一種　0.8 mm
野外で見つけると見た目はトビムシに似
ているが, トビムシとは異なり, 触角は
枝分かれしていて脚は9対ある. もちろ
ん跳ばない.

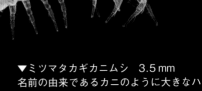

▼アヤトビムシ科の一種　2 mm
トビムシ類は腹部に腹管（粘管：黄色の
矢印）と尾部に跳躍器をもっている. こ
の跳躍器で地面をたたいて飛び跳ねるこ
とからトビムシという. 写真のトビムシ
にも大きな跳躍器（白い矢印）が確認さ
れる.

▼ミツマタカギカニムシ　3.5 mm
名前の由来であるカニのように大きなハ
サミ（触肢）は先端に毒針をもち, トビ
ムシなどを捕え麻痺させてから食べる.
優秀なハンターである.

▼ウエノオビヤスデ　27 mm
ヤスデはムカデ同様に多数の脚が特徴で
あるが, 異なるのは4節目以降, 1節に
2対の脚をもっていることで（ムカデは
1節に1対の脚）, 倍脚類ともよばれて
いる.

▼アヤトビムシ科の一種　1 mm

◀キボシアオイボトビムシ　2.3 mm
前述のアヤトビムシのようにほっそりとした形態のトビムシもいるが，イボトビムシの仲間の多くはずんぐりとした小判状の形態をしているのが特徴である．

▶ヒイロワラジムシ
3.2 mm
ワラジムシは，多くの人になじみ深いダンゴムシなどの仲間（等脚目）である．しかし，一般的なワラジムシやヒメフナムシは，ダンゴムシのように体を丸めることはできない．

▼ミズマルトビムシ　♂0.4 mm　♀0.6 mm
マルトビムシは名前のように形態が丸っぽいトビムシである．本種の求愛行動は興味深く，ダンスに似た動きを行う．体が小さい雄が触角で体が大きい雌の触角を把握するため，雄は雌に持ち上げられた状態になる．

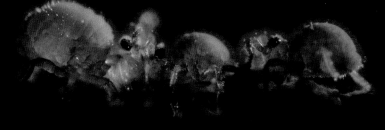

▼マルツヤダニ属の一種　0.85 mm
ダニの仲間もトビムシ同様にいろいろな形態をしている．写真のマルツヤダニは形態が丸く，表皮は硬い．腐植食性のササラダニ類の仲間である．

▲コイタオソイダニ属の一種　0.6 mm
ダニの仲間はトビムシ同様に土壌動物の中でも種類数・個体数ともに非常に多く，食性も種により異なる．写真のオソイダニはケダニ類の仲間で捕食性である．

口絵1 「かかってこいよっ！」トビムシによる化学防衛（イラスト：りゅう）（本文第8章）

口絵2 集団で地表活動を行うエビガラトビムシ（*Homoloproctus sauteri*）（本文第8章）

口絵3 ヤットコアマビコヤスデの脱皮後の脱皮室（本文第6章）

口絵4 ミミズを食するヤツワクガビル（写真：吉田譲）
写真解説集『土の中の美しい生き物たち』（朝倉書店）より

口絵5 土壌にみられるいろいろな形のダニ ハモリダニ科の一種（写真：吉田譲）
写真解説集『土の中の美しい生き物たち』（朝倉書店）より

土の中の生き物たちのはなし

島野　智之
長谷川元洋
萩原　康夫 ［編］

朝倉書店

執　筆　者

*島 野 智 之　　法政大学 国際文化学部／自然科学センター

*長谷川元洋　　同志社大学 理工学部

橋本みのり　　大東文化大学 スポーツ・健康科学部

中 森 泰 三　　横浜国立大学 大学院環境情報研究院

南 谷 幸 雄　　栃木県立博物館 学芸部自然課

荒 井 見 和　　国際農林水産業研究センター 生産環境・畜産領域

金 田　　哲　　農業・食品産業技術総合研究機構 西日本農業研究センター

池 田 紘 士　　弘前大学 農学生命科学部

豊 田　　鮎　　香川大学 農学部

永 野 昌 博　　大分大学 理工学部

唐 沢 重 考　　鳥取大学 農学部

澤 畠 拓 夫　　近畿大学 農学部

清 水 伸 泰　　京都先端科学大学 バイオ環境学部

菱　　拓 雄　　九州大学 大学院農学研究院

湯 本 勝 洋　　ミュージアムパーク茨城県自然博物館

*萩 原 康 夫　　昭和大学 富士吉田教育部

（執筆順，*は編者）

まえがき

「土の中はわけのわからないものでいっぱいだ」(Gisin, 1947)

　土壌には，沢山の名前の付いていない生き物たちがいて，それらを新種として片っ端から記載していく土壌動物学者の喜び．

「土壌は貧乏人の熱帯雨林だ」(Usher *et al.*, 1982)

　生物多様性の観点からも，わざわざ熱帯雨林にまで行かずとも，足下の土壌動物を研究すれば，熱帯雨林での研究に匹敵するほどの研究が行えるのだという土壌動物学者の興奮．どちらもまさに土壌動物学者の言葉である．

　しかし，これらの言葉の裏には，あまりにも様々な生き物が土壌に生息しており，その全ての生き物を一人の研究者が知ろうとしても，なかなかに手に負えるものではない，というあきらめに似た，ため息があった．

　だれもが研究をしたいと思うようなキラキラ美しい動物，あるいは大きくて迫力のある動物ではなく，小さく目立たず，地味な見た目の土壌に生息する動物たちは，どれもその進化の道筋さえもわからない，また，なかには専門とする研究者さえもいない動物群もあった．しかしながら，その一方で生態系の分解を担うという有用な役割から，あるいは，拡大してみると，あまりにも奇妙奇天烈な姿の動物を含むことから土壌動物学者が途絶えることもなかった．

　さて，生物学においてこの10年の科学技術の進歩はめざましく，これまで出来なかったことが，次々と出来るようになった．超並列DNAシークエンサーは土壌に生息する動物たちを一瞬にして網羅できるようになったし，蓄積された生態情報をビッグデータとして解析する技術も進んだ．

　例えば，動物分類学の分野から見てみれば，2010年ごろに，節足動物の系統関係がようやく共通理解を得られる形になり，次は，2015年から現在にかけて，それぞれの下位分類群の系統関係が判明してきた．110万種以上ともいわれる地球最大の分類群である昆虫綱も系統関係がほぼ決まった．さらに，大きな枠組みである真核生物の全体の系統関係はまさに混沌とした時代を経て，2019年の改訂ではほぼこれ以上変わらない状態となった．線形動物，環形動物などは未だに混沌とはしているが，日々刻々，分子生物学的データが積み重ねられて，謎解き

はどんどん進んでいる.

　Mora *et al.*（2011）によれば，未だに地球上の生物の 86% には学名が付いていないと推定されている.　地球には総計 870 万種の生物が生息していると推定されるが，そのうち学名の付けられた生物は約 122 万種でしかない.　その多様性の大枠は果てしなく広いが，遺伝情報が描く進化の枝は徐々に見えてきた.　生物進化の大きな枝の中に，土の中にすむ生き物たちの姿が浮かび上がってきたのではないだろうか.

　そして今日，ようやく「土の中はわけのわからないものでいっぱいだ」といってきた時代も終わりを迎えようとしている.　小さく目立たず，地味な見た目の土壌動物たちが，なぜ，その姿をしているのか，我々はやっとその意味をわかりかけているのである.　その見た目こそが，陸上生態系を駆動してきた証であるということを.

　約 4.75 億年前に陸上に植物が現れ，地球上に土壌が作られ，4.2 億年前に節足動物が陸上への進出を果たした時，この時こそが我々が研究対象としている土壌動物が現れた時である（清川ほか，2014）.　土の中の生き物の進化は，まさに，陸上への動物の適応の歴史であり，陸上への適応の瞬間を閉じ込めたということも土壌動物のひとつの姿である.　土壌動物を研究するとき，分解者としてあるいは捕食者として土壌を改変し，陸上生態系そのものを進化させてきた 4 億年の歴史が紐解かれるのである.　陸上環境の様々な変化に，自らもある時は耐え忍び，そして，ある時は進化の駆動を加速させたに違いない土壌動物の歴史が，ようやく我々人間によって，より具体的に紐解かれる時代がやってきたのである.

　2020 年代は土壌動物学にとって，現生の生物の多様性を，地球史から追いかけることが出来るようになった時である.　しかしながら悲しいことに，同時に地球全体は気候変動によって大きく変化しようとしている時でもある.

　土壌動物の過去の環境への応答と，現在の急激な環境変化への応答を調べることによって，これから先，陸上生態系はどのように変化していくのかを予測し，対応すべき時であるとも言える.

　多様性研究では「土の中はわけのわからないものでいっぱいだ」と，幻想的な夢を見る時代は終焉をつげ，明確になったパズルの枠組みに，多様性のそれぞれのピースを当てはめることが必要になった.　枠組みの解析はさらに精度を上げ加速するだろう.

これからの土壌動物の解明と研究のワクワクに祝福を！
「さぁ鐘をならせ，歌え，新しい歌を！」
いまこそ，この本のページをめくり，新しい土壌動物学を共に楽しもう！

　2022 年 6 月

島野智之・長谷川元洋・萩原康夫

目　　次

本書の引用文献・参考文献の書誌情報は，朝倉書店ウェブサイト（https://www.asakura.co.jp/）の本書ページよりダウンロードできます．検索の際にご活用ください．

第1章
土壌動物とは

1.1　何を土壌動物とよぶか

　土壌動物とは，「寒期や乾期の休眠場所として土壌をつかう動物を除き，生活史の一部，あるいは全部を過ごす動物のこと」である（Wallwork, 1970；青木, 1973）．

　例えば，卵や越冬休眠状態の不活動期に土壌中に生息するものはここでは通過型・休期型（図 1.1A）とよび，土壌動物ではない．セミの幼虫のように生活史の一定期間を継続的に土壌中で過ごすもの（定期型；図 1.1B）や，カタツムリ

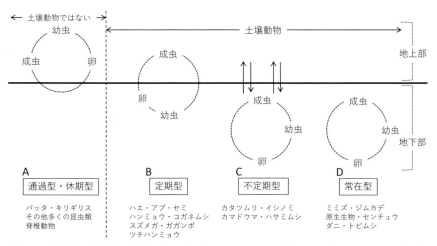

図 1.1　土壌動物の生活史と生息場所の関係（Wallwork, 1970；青木, 1973；金子ほか, 2020 を改変）

やハサミムシのように土壌から出たり入ったりするもの（不定期型；図1.1C），そして，生活史の全期間を土壌中で過ごすもの（常在型；図1.1D）を土壌動物とよぶ.

　ではいったいどのくらいの土壌動物が生息しているのだろうか．青木（1983）が，東京都の明治神宮の森での調査結果をまとめたものが図1.2である．おとな1人の一足あたり，ヒメミミズ類1,800個体，ワラジムシ類10個体，ダニ類3,300個体，トビムシ類500個体，クマムシ類10個体，ムカデ類2個体，ハエ・アブ類の幼虫100個体，ヤスデ類1個体，ウズムシ類50個体，そしてセンチュウ類7万5,000個体とな

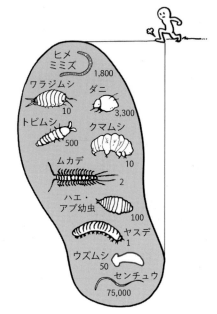

図1.2　東京都の明治神宮の森の土壌に生息している
土壌動物（青木，1983を改変）
ヒトの一足分の土壌に生息している土壌動物の個体数.

る．通常，このような土壌動物の個体数は，単位面積あたりに換算する．例えば1 m^{2}あたりの個体数とする．しかし，それでは実感がわかない，そこで，青木（私信）は，自分の足形を厚紙の上でなぞって切り取り重さを量り，単位あたりの厚紙の重さから面積を換算したという．図1.2を改変したものは，日本でも教科書などによく引用されており，海外の教科書でも見かけることがある．

　土壌動物が我々の想像以上の個体数で，土壌に生息していることを示しており，森に入ったときに我々が踏みしめる足下の土壌動物の量を想像してもらえると思う．

1.2　土壌生態系とは

　ある生態系を考えてみよう．そこに生育している樹木や草本などは光合成を行って二酸化炭素を固定し有機物を生産しているので生産者とよばれる．生産者がつくったものを食べるのが消費者である（図1.3）．消費者には植物を食べる植食者と，動物を食べる捕食者に分けることができる．さらに，落葉や落枝など

図1.3 生態系における土壌動物の役割を示す模式図

生産者は, 光合成により二酸化炭素 (CO_2) を有機物の形で固定し, 酸素 (O_2) を放出する. 消費者には, 植物を摂食する植食者と, 動物を摂食する捕食者が含まれる. 分解者は, 土壌微生物と土壌動物が含まれ, 土壌有機物の分解に寄与し, CO_2 を放出する. また, 有機物に含まれている養分を土壌中に放出し, 生産者が吸収する. こうした機能から, 分解者は物質循環の役割を担うとされる.

の枯死した有機物 (litter：リターあるいは detritus：デトリタスともよばれる) を利用するものも消費者とすることもあるが, 死んだものを食べるものは別にして, 分解者とよぶことも多い. この分解者の中に, 土壌微生物と, 本書の主役である土壌動物が含まれる. 生きた植物から始まり, 植食者, 肉食動物へとつながる連鎖を生食連鎖とよんでいる. 一方, 先に示した, 落葉や落枝から始まる死んだ有機物から始まる食物連鎖は腐食連鎖とよんでいる. 我々人間は, 地上の世界に暮らしているので, どうしても地上の植食者や捕食者の働きが目に入りやすい. 木の葉を食べるイモムシとそれを食べる鳥, 草を食む草食性の哺乳類とそれを食べるオオカミの働きなどをイメージすることは, 比較的容易ではないだろうか. しかし, 生態系で生産された有機物のうち, 生食連鎖の方に流れる割合は非常に少なく, 9割ほどは腐食連鎖に流れるとされている (Swift *et al.*, 1979). したがって, 腐食連鎖系での有機物の動きに注目することは炭素やそこに含まれる養分の循環を考える上でも非常に重要になる.

　世界の生態系内の土壌動物の量 (バイオマス) をすべて合わせたものは 1.8〜8 g m^{-2} とされている (Petersen and Luxton, 1982). これは, 陸上の温帯の草

Column 1　　**土壌動物研究の魅力**

「なぜ，そんな生き物を研究しているのですか？」

　私が，土壌動物それもヤスデ類の研究者だと知ったときのほとんどの人の反応である．なぜこの生物を研究しているのだろう？

　土壌動物の研究は，けして派手でもなければ，スマートでもない．土にまみれながら，時には地面を這いつくばりながら作業するし，動物を採集して，顕微鏡で同定をしたり，長時間かけて飼育・観察したりと極めて地道なことばかりである．

　しかし，このわずか数 mm〜数 cm という動物たちによって，毎年落ちる落葉落枝がきれいに分解され，森林土壌が形成されていく．彼らがいなければ，生態系の循環が健全になされないと言っても過言ではないだろう．足下でひっそりと活動する小さな動物の活動が生態系を支える大きな役割を担っていると考えると，この動物たちの世界がとても魅力的に思える．

　肉眼では捉えにくい地下の世界，その様子は疑問の連続である．どのような種が存在しどう分類するかという分類学的研究，どのような活動をしどう役立っているかといった生態学的研究，それぞれに面白さがある．この小さな動物たちの世界に足を踏み入れ，その魅力を知ったときから，足下の落葉や土が“生きている”価値高いものに見えてくることは間違いない．　　　　　　　　　　　　　　　〔橋本みのり〕

原から熱帯雨林に及ぶ植物のバイオマス（1.6〜45 kg m^{-2}）と比べると，極めて少ないように見えるかもしれない．しかし，地上と土壌中の動物の双方を調べた場所で，そのバイオマスを比較すると，土壌動物は地上の動物の数倍から数十倍になる（表1.1）．土壌微生物のバイオマスはさらに多く，金子（2012）は，陸上の地上動物，土壌動物，土壌微生物のバイオマスの比はおよそ，1：10：100になると述べている．こうした土壌動物，土壌微生物が植物の根とともに，それらの周囲の土壌環境と分解などを通して相互作用を行うことで形成されている系を土壌生態系とよぶ．

1.3　土壌動物は“分解者”なのか

　前節では，分解者には土壌動物と土壌微生物が含まれると記した．高校で使用される生物の教科書を見ると，土壌動物は生態系において分解者の役割があると

表 1.1 地上動物と土壌動物の現存量 $[g(乾重) \times m^{-2}]$*

	亜高山帯 針葉樹林 (志賀高原)	冷温帯落葉 広葉樹林 (イギリス)	熱帯多雨林 (アマゾン)	プレーリー (カナダ)
地上動物合計	0.4	0.3	1.1	0.3
土壌動物合計	2.3	3.6	3.3	4.4

*：生重のデータは Satchell（1971）の係数を用いて乾重に換算.
吉良（1976）が以下の報告（北沢，1974; Satchell, 1971; Fittkau and Klinge, 1973; Copeland *et al.*, 1974）よりまとめたもの.

書かれているものがある一方で，分解者とは菌や細菌のことを指すと記述しているものもある．では，土壌動物は分解者と考えてよいのだろうか？

　土壌動物による分解の機能の例として，オカダンゴムシによる落葉の摂食がしばしば紹介されており，読者にも記憶があるかもしれない．数匹のオカダンゴムシを落葉とともに容器に入れその分解量を計測する実験が写真入りで紹介されている場合もある．渡辺（1967）は，オカダンゴムシにヒメヤシャブシ落葉を与えた実験において，20℃で平均 72 mg の体重のオカダンゴムシが 1 日に 6.8〜12.2 mg の落葉を摂食したと報告している．60 kg のヒトで考えれば，1 日に 5.7〜10.2 kg 食べることになるわけで，なかなかの大食漢である．一方で，オカダンゴムシでこのような実験を行った後には，容器の中に特徴的な四角い形の糞が大量に残っていることに気づくだろう．Hassall（1987）は，オカダンゴムシにハンノキの落葉を与えて，糞として排出される量を計測した．その結果，1 g の落葉あたり 800 mg 程度は糞として排出されていることがわかった．つまり，落葉はダンゴムシに直接消化されて消えてなくなるわけではなく，糞に形を変えて 8 割方は残っていることになる．果たしてこれで，ダンゴムシは落葉を"分解"したことになるのだろうか？

　そもそも，"分解"とは何かということから考えてみよう．分解という過程は，長期的に見れば有機物の資源が完全に無機態に変換されることを意味すると考えられるが，短期的には，以下のような過程を経ているとされる（図 1.4）．土壌の表面にリターとして供給された有機物（R_1）が物理的溶脱（L: leaching），分解者による粉砕（CO: comminution），異化作用（CA: catabolism）の分解プロセスによって化学的変化を受ける．その結果，無機化によって無機態の物質である二酸化炭素，水，ミネラルなど（IN: inorganic material）が失われることで重量が減少し，分解者の組織（DO: decomposer tissues）や腐植（HU: humus）が

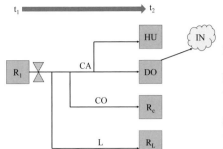

図1.4　リターの分解過程を示す模式図（Swift *et al.*, 1979 を改変）
R₁：有機物，L：物理的溶脱，CO：粉砕，CA：異化作用，IN：無機態の物質（二酸化炭素，水，ミネラル）などの放出，DO：分解者の組織，HU：腐植，Rc：リターが粒子のサイズを減少させたもの，RL：溶存した物質が形態を変えないままで別の場所に流出したもの.

再合成される．一方で物理的変化を受けて化学的な変化を受けていないリターが粒子のサイズを減少させたもの（R$_c$）や，溶存した物質が形態を変えないままで別の場所に流出していく（R$_L$）ものもある．ここで注目してほしいのは，IN以外はまだ，無機態になっておらず，分解過程は完結していないことである．つまり，分解過程は，ある資源が最初の状態（R$_1$）から，分解者の作用によって段階的に無機化されて，その状態が（R$_2$さらにはR$_3$へと）変化していく過程であり，このような構造を分解過程のカスケード構造とよんでいる．

　先ほどのダンゴムシの話に戻って考えてみると，ダンゴムシは落葉を粉砕（CO）し，その一部を消化する異化作用（CA）を行い，自身の組織（DO）を再合成している．未消化の有機物はサイズを減少させた（R$_c$）糞として排出されたことになる．つまり，ダンゴムシでは，無機態の物質（IN）としたり，自身の組織（DO）としたりして寄与する割合は少ないので，重量減少としての有機物の無機化への貢献は少ないが，大量に落葉を摂食することで粉砕（CO）という作用で分解に寄与していると考えることができる．

　このように直接的な無機化への寄与が土壌動物において少ないという知見は，ダンゴムシに限った話ではない．土壌動物の現存量，呼吸量についての世界中のデータをまとめたPetersen and Luxton（1982）の報告では，多くの生態系において，土壌動物の呼吸量は土壌呼吸全体の5%程度と報告した．日本では，志賀高原「おたの申す平」の亜高山帯針葉樹林において土壌動物の呼吸に関する集中的な調査が行われ（Kitazawa, 1977），土壌動物の呼吸量は土壌呼吸全体の4.2%であった．しかし，これらの推定においては原生生物の寄与が過小評価されているという批判があり（金子，2007），それらの機能の大きい生態系では，10%程度の値が示されている（Schaefer, 1990）．

　このように，土壌動物自身の炭素の放出という直接的な経路だけを考えると土壌動物の分解への寄与はわずかのように見える．したがって，有機物中の炭素を最終的に二酸化炭素として放出するという限定された意味での真の"分解者"は，菌類や細菌類などの微生物になるだろう．しかし，土壌動物の生態系における機能は，土壌動物自身の炭素放出による寄与だけではなく，微生物を中心とした他の土壌生物や植物との相互作用，土壌の住み場所自体を改変することや，養分などの物質循環に影響することによって発揮されている（図1.5）．土壌動物の機能は土壌形成の不可欠な要素であり，生態系における土壌動物の炭素や養分循環への寄与を定量することは，土壌生態学者にとっての長年の目標であり続けている（Nielsen, 2019）．したがって，土壌動物も広い意味でいえば，"分解者"含められると考えてよいだろう．

　Huhta（2007）は土壌動物の生態系における機能の研究の歴史を以下のようにまとめている．①ミミズの観察中心の時代：実験的アプローチが主流となる前の観察主体の時代で，主にミミズを扱っていたダーウィンらが活躍した．②リターバッグ実験の勃興：メッシュ付きの袋に落ち葉を入れたリターバッグを用いた野外実験で，メッシュの大きさを変えることで動物のリター分解に与える影響がわかり始めた．③エネルギー論の時代：1964～1974年にかけて国際生物学事業計画（International Biological Program: IBP）というプロジェクトが企画され，世界中の生態系で生物のバイオマスや生産性，呼吸量などが測定された．地上の生物はもちろんのこと，土壌動物を含む地下の生物まで徹底した調査が行われた．このIBPの成果を利用して，地球上の様々な生物群集が生態系の中のエネルギー

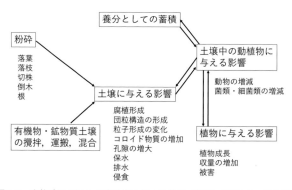

図1.5　生態系における土壌動物の様々な機能（渡辺，1971を一部改変）

の流れにどのように関わっているのか，そのパターンが議論された．④ミクロコズム発展の時代：実験室内でミクロコズム（制御条件下で生物群集を培養した比較的小型の系）を用いてシンプルな系の中で土壌動物の機能を調べる研究が始まった．やがて，ミクロコズムは複雑な実験設定や，生きた植物を含む生物群集の研究に発展し，実験室スケールでの生態系の機能を再現するまで進んだ．⑤生物多様性と機能の時代：生物多様性のブームが起き，土壌生物の多様性と生態系の機能の間の関係性を分析し始めた時代．⑥地上部と地下部の連携の時代：地上の生物群集と地下部の生物群集の多様性と機能は独立に生じているのではなく，その連携を理解する必要があるとする全体論的見方が生まれた．これらのそれぞれの期間は，大まかにこの順番で始まるが，大部分で重なりがあり，初期の技術や考え方は現代のものと併用して使われているものもある．上記のようなこれまでの研究により，土壌動物の生態系における機能は，その分類群や機能グループごとに異なっていることがわかってきた．つまり，先にあげたミミズ，ダンゴムシやトビムシ，ダニ，さらにはアメーバなどの原生生物は土壌生態系において違う働きをもつと考えられている．実は，この働きの違いは，土壌動物と微生物との間での関係性の違いから生じていると考えることができる．このような実際の生態系における土壌動物の機能と，そうした土壌動物の機能が多様性に対応してどう変化するのか，微生物や地上部の生物とどのような関係をもっているのかについては，第3章で詳しく解説する．　　　　　　　　　　〔島野智之・長谷川元洋〕

主な参考文献

青木淳一，1973．土壌動物学—分類・生態・環境との関係を中心に—，北隆館．

青木淳一，1983．自然の診断役・土ダニ，NHK ブックス．

Gisin, H., 1947. Es wimmelt im Boden von Unbekanntem. *Prisma*, **2**(5), 144-147.

金子信博，2007．土壌生態学入門—土壌動物の多様性と機能—，東海大学出版会．

北沢右三，1974．志賀山亜高山帯針葉樹林生態系の構造と機能．IBP 成果シンポジウム，日本学術会議 IBP 特別委員会，52-56．

Nielsen, U. N., 2019. *Soil Fauna Assemblages: Global to Local Scales*, Cambridge University Press.

Usher, M. B. *et al.*, 1982. A review of progress in understanding the organization of communities of soil arthropods. *Pedobiologia*, **23**, 126-144.

Wallwork, J. A., 1970. *Ecology of Soil Animals*, McGraw-Hill.

渡辺弘之，1967．オカダンゴムシのいろいろな温度条件下での摂食量．日本生態学会誌，**17**，134-135．

第2章
土壌に生息する生物

　日本産の土壌動物は，青木（2015）によって，分類群によっては種までの検索表がすでに示されているが，分類体系の改訂もあり，また，2020年代の現在でも未だ系統関係のはっきりしない分類群もある．本章では，便宜上の（体長，抽出手法に基づく）土壌動物のカテゴリーと，分類学上の土壌動物の主要な分類体系とその現状について触れる．

　表2.1にあるように，原生生物（protists）は，以前，分類学的に原生生物界（Protista）とよばれていたが，現在は便宜上の呼称であり，分類学上の分類群ではない．また，ダニの仲間はダニ類とした．ダニ目？（亜綱？）の単系統性に疑問が示されているためである（後述）．

　単系統性とはある一群の生物が同一の祖先生物から進化していることであり，多系統性とは構成している種（群）が異なる祖先生物に由来していることである．本書では以後，「類」は，分類学的レベル（分類階級）が定まっていない場合や，明言を避けたい場合，あるいは，単系統ではないが外見が似ているので同じ呼称が使われている生物群のことを「…グループ」の意味で示す場合に使うこととする．

2.1　土壌動物のサイズによるカテゴリー

　土壌動物は体の大きさで類別することが行われてきた．体の大きさによる類別は，動物の分類体系とは全く関係がないが，後述するそれぞれの動物群の調査手法や，食物網（food-web）の解析のための便宜上の類別である．体長は口器の大きさと関係があるため，小型土壌動物はバクテリア食または捕食性のものが多く，

中型土壌動物は菌食（菌糸食），腐植食，または捕食性のものが多い傾向にあるが，バクテリアを摂食するコナダニ類が中型土壌動物の範囲に属するなど例外もある．土壌動物の身体の大きさ（おおまかな体長）で以下のように 4 つに分けられる．

(1) 小型土壌動物（ミクロファウナ soil microfauna，0.2 mm（= 200 μm）以下）：原生生物，ワムシ，クマムシ

(2) 中型土壌動物（メソファウナ soil mesofauna，0.2〜2 mm）：ダニ類，トビムシ類，コムカデ，コムシなど

(3) 大型土壌動物（マクロファウナ soil macrofauna，2 mm〜2 cm）：歩行性甲虫類，ミミズ，クモ，ワラジムシ，ムカデ，ヤスデなど

(4) 超大型土壌動物（メガファウナ soil megafauna，2 cm 以上）：モグラ，大型のミミズなど

表 2.1 に，これらの土壌動物のサイズによるカテゴリーと実際の各分類群について，近年の分類学的位置を示した．例えば，螺旋卵割動物上門（Spiralia）は，小型土壌動物（例えばワムシ類）から大型土壌動物（ミミズ類）まで，複数のカテゴリーに所属していることがわかる．多足亜門（Myriapoda）も，エダヒゲムシ綱やコムカデ綱は中型土壌動物に該当し，ムカデ綱やヤスデ綱は多くが大型土壌動物に該当する．さらに，大型のムカデ種やヤスデ種は超大型土壌動物に該当する．

体長によって生態ニッチも異なることが多いという理由から，「サイズによるカテゴリー」と，「分類学的所属」の双方の視点が土壌動物研究には必要である．

2.2　土壌動物の調査手法に基づくカテゴリー

土壌に生息する生物は，落ち葉，土壌粒子などが邪魔をしてそのままでは観察できない．そこで，一般的には「土壌から動物を追い出す」ことによって，土壌動物の調査を行う．このことを「土壌動物を抽出する（extraction）」という．土壌動物を抽出する装置および方法には，例えば，土壌を乾燥させることにより正の走重力活性（地面の中に潜るために地中方向に向かう）から下部に設置した容器内に動物（主に節足動物）を集めるツルグレン装置（Tullgren funnel/apparatus）法，水の中に土壌を浸漬することによって同じく下方に動物を集めるベールマン装置（Baermenn apparatus）法，オコナー装置（O'Conner

表2.1　土壌動物のサイズによるカテゴリーと，実際の各分類群の分類学的位置

大きさによるカテゴリー	上門(Superphylum)以上	門(Phylum)		綱(Class)	目(Order)	科(Family)	和名・通称名
ウイルス(Virus)	ウイルス(Virus)						ウイルス
微生物(micro-organisms)	真正細菌/バクテリア(Bacteria)						細菌・バクテリア
	アーキア(Archaea)						アーキア(古細菌)
	真菌(Fungi)						カビ,キノコなど
小型土壌動物(soil microfauna)	原生生物(protists*)						繊毛虫・鞭毛虫 / アメーバ・有殻アメーバ
	螺旋卵割動物上門(Spiralia)	輪形動物門(Rotifera)					ワムシ
	脱皮動物上門(Ecdysozoa)	線形動物門(Nematoda)					センチュウ
		緩歩動物門(Tardigrada)					クマムシ
中型土壌動物(soil mesofauna)	螺旋卵割動物上門(Spiralia)	環形動物門(Annelida)		環帯類[階級なし](Clitellata)	貧毛綱**(Oligochaeta)	ヒメミミズ科(Enchytraeidae)	ヒメミミズ
	脱皮動物上門(Ecdysozoa)	節足動物門(Arthropoda)	鋏角亜門(Chelicerata)	クモガタ綱(Arachnida)	ダニ類***(Acari ?)		ササラダニ
					カニムシ目(Pseudoscorpiones)		カニムシ
			多足亜門(Myriapoda)	エダヒゲムシ綱(Pauropoda)			エダヒゲムシ
				コムカデ綱(Symphyla)			コムカデ
			六脚亜門(Hexapoda)	内顎綱(Entognatha)	カマアシムシ目(Protura)		カマアシムシ
					トビムシ目(Collembola)		トビムシ
					コムシ目(Diplura)		コムシ

apparatus）法，他に土壌を水に投入して節足動物などを得る浮遊法（floating method）といったものがある．この土壌動物の抽出の過程を経て，そこに生息する生物の標本が得られてはじめて多様性研究や生態研究ができるのである（第11章参照，詳細は萩原ほか（2019）を参照のこと）．

　中型で節足動物を主とする，ある程度乾燥に強い動物（乾性動物：ダニ，トビムシ，コムカデなど）の採集には乾式抽出法（ツルグレン装置法など），中型または小型で移動に水分を必要とする動物（湿性動物：センチュウ，ヒメミミズ，クマムシ，ソコミジンコなど）の採集には湿式抽出法（ベールマン装置法，オコナー装置法）が主に用いられる．土壌動物の大きさによる区分と採集方法との関係は，萩原ほか（2019）を参照されたい．以上のように，動物の分類体系とは全く関係がない「乾性動物」「湿性動物」という抽出方法の違いに基づいた類別も存在することが土壌動物の特徴である．

表 2.1　土壌動物のサイズによるカテゴリーと，実際の各分類群の分類学的位置（続き）

大きさによる カテゴリー	上門(Superphylum) 以上	門(Phylum)		綱 (Class)	目 (Order)	科 (Family)	和名・通称名
大型土壌動物 (soil macrofauna)	螺旋卵割動物上門	環形動物門 (Annelida)	環帯類 ［階級なし］ (Clitellata)	貧毛綱 ** (Oligochaeta)	ナガミミズ目 ** (Opisthopora/ Crassiclitellata?)	フトミミズ科 など (Megascolecidae)	いわゆるミミズ （ジュズイミミズ 科以外）
						ジュズイミミズ科 （日本最大種の）	いわゆるミミズ ハッタミミズなど
		軟体動物門 (Mollusca)	貝殻亜門 (Conchifera)	腹足綱 (Gastropoda)			カタツムリ
	脱皮動物上門	節足動物門 (Arthropoda)	鋏角亜門 (Chelicerata)	クモガタ綱	サソリ目 (Scorpiones)		サソリ
					ザトウムシ目 (Opiliones)		ザトウムシ
					クモ目 (Araneae)		クモ
			多足亜門	ヤスデ綱 (Diplopoda)			ヤスデ
				ムカデ綱 (Chilopoda)			ムカデ
			六脚亜門	昆虫綱 (Insecta)	ハサミムシ目 (Dermaptera)		ハサミムシ
					ゴキブリ目 (Blattodea)		シロアリ， ゴキブリ
					コウチュウ目 (Coleoptera)		オサムシ
					ハエ目(双翅目) (Diptera)		ガガンボ,アブ, ハエ
					ハチ目 (Hymenoptera)	アリ科 (Formicidae)	アリ
			甲殻亜門 (Crustacea)	軟甲綱 (Malacostraca)	等脚目 (Isopoda)		ワラジムシ ダンゴムシ
					端脚目 (Amphipoda)		ヨコエビ
超大型土壌動物 (soil megafauna)		脊索動物門 (Chordata)	脊椎動物亜門 (Vertebrata)	哺乳綱 (Mammalia)			モグラ

* 現在，原生生物に分類群名はない．** 環帯類の綱と目は諸説あり．*** ダニ類は単系統性に疑問が示されている．

2.3　土壌生物・土壌動物の各分類群と系統関係

　土壌には多くの生物が生息しており，以下に分類群ごとに紹介する（表 2.1）．

原核生物・ウイルス

　原核生物である細菌（Bacteria），アーキア（Archaea）は，それぞれ別のド
メインに属し，真核生物（Eukaryota）と合わせて 3 つのドメイン（界よりも上
の最も高いランクの階級）を構成している（Woese *et al.*, 1990）．土壌には原核

生物以外にウイルスも存在している．ウイルスは原核生物を利用するものだけではなく，植物病原性ウイルスも土壌に蓄積されている（Coleman *et al.,* 2018）．

真核生物

現在はアモルフェア（Amorphea），ディアフォレティケス（Diaphoretickes）の2つの大きなグループと，所属不明の数グループとして体系づけられている（Adl *et al.,* 2019；矢﨑・島野，2020）．動物（Metazoa）は，菌類（Fungi）や，例えば細胞性粘菌の一部（Fonticulida）などとともにオピストコンタ（Opisthokonta）に属する．葉状仮足をもつアメーバなどはアメボゾア（Amoebozoa）に属し，オピストコンタとアメボゾアはアモルフェアに属する．ちなみに，陸上高等植物（有胚植物 Embryophyta という）が属する緑色植物（Chloroplastida）は，灰色植物（Glaucophyta）や紅藻（Rhodophyceae）などとともにアーケプラスチダ（Archaeplastida）に属し，これらはディアフォレティケスに属している．系統樹にすると，真核生物の枝の広がりは原生生物の遺伝的多様性で構成されており，その一部を動物，菌類，そして陸上高等植物が占めていることになるため，原生生物は分類群名としては現在用いられていない．

原生生物類（protists）

土壌で微生物群集のコントロールの役割を担っているだけではなく，二次代謝産物が植物にも影響を与えている（島野，2018a）．細菌食が多い．食性は Adl *et al.*（2019）にまとめられている．

線虫類・線形動物門（Nematoda）

『日本産土壌動物（第二版）』（青木，2015）の「線虫綱」は，分子系統解析により複数の綱に分けられ，現在は暫定的な分類体系が用いられている．日本では袋形動物門の一綱として腹毛動物，鰓曳動物，動吻動物などとまとめられていたこともあった．土壌に生息するセンチュウ類は比較的小型で数 mm 以下のものが多く，体形は糸状で，体色は透明である．学名の Nematoda から通称「ネマ」とか「ネマトーダ」とよばれることがある．土壌中にはセンチュウの個体数が非常に多く，計算すると片足1歩の下に7万を超えるセンチュウが生息していることもある．捕食性，雑食性，細菌食性，菌食性，植物寄生性など様々な食性が知られている．

ヒメミミズ科（Enchytraeidae）

体長2 cm 以下で乳白色から半透明である．学名 Enchytraeidae から「エンキ」

という通称でよばれることがある．剛毛の生えた各体節は不明瞭ながら見分けられるので，線虫との区別点となる．土壌中の個体数も多く，作用も大きいと考えられるが，日本では生態系内での研究例が少なく，研究対象として狙い目だろう．

トビムシ類（目？／亜綱？）（Collembola）

六脚亜門（Hexapoda）のうち，コムシ目（Diplura），そしてカマアシムシ目（Protura）とともに内顎綱（Entognatha）に含まれる．以前，昆虫綱は有翅亜綱（Pterygota）と，無翅亜綱（Apterygota）に分かれており，ここでは昆虫に属しているシミ目（Zygentoma）とイシノミ目（Archaeognatha）を含んでいた．古典的な土壌動物の本には無翅亜綱が用いられている．

約 4 億年前のデボン紀の化石が見つかっている．体長 0.3〜数 mm．ミズトビムシ類（Poduromorpha）は体型がずんぐりとしていて触角や肢が短め，水面に浮いているムラサキトビムシ類や，小判型でよりずんぐりとしたイボトビムシ類が属する．アヤトビムシ類（Entomobryomorpha）はほっそりした体型．マルトビムシ類（Symphypleona），ミジントビムシ類（Neelipleona）は体型が丸っぽく，体節が融合し区別できない．マルトビムシ類は触角が長く眼があるが，ミジントビムシ類は触角が短く眼がなく，より小型である．

ダニ類（目？／亜綱？）（Acari）

現在，ダニ類は単系統なのか，独立した 2 つのグループなのかよくわかっていない．胸板ダニ類（Acariformes）は約 4 億年前のデボン紀の化石が見つかっている．胸穴ダニ類（Parasitiformes）は最古でも 1 億年前の化石のみである．胸板ダニ類は捕食性や腐植食性（落ち葉などの微生物分解の進んだ腐った植物質を食べる）のケダニ類，主に腐植食性のササラダニ類，ニセササラダニ類，クシゲマメダニ類，そしてササラダニ類から派生した腐植食性，菌食性，バクテリア食性を含むコナダニ類を含む．一方，胸穴ダニ類はすべてが寄生性のマダニ類と捕食性のトゲダニ類を含む．現在，ケダニ類に含まれているホコリダニ類は土壌から見つかる微生物食性以外に，植物寄生性のグループも多い．英語でマダニを tick，それ以外のダニを mite という．

カニムシ目（Pseudoscorpiones）

ハサミはサソリ目（Scorpiones）と同様に触肢が変化したものである．カニムシにはサソリのような尾節と毒針はないが，かわりにハサミ状の触肢に毒腺をもつ．トビムシなどの他の動物を捕まえるとこの毒腺から毒を注入し捕食する．

ムカデ綱（Chilopoda）

捕食性のため毒腺をもつ顎肢をもつが，これは歩脚が顎のように変化したものである．このことから唇脚綱ともよばれる．ヤスデ綱と同じように多数の節でできている細長い体と多数の脚が特徴であるが，1つの節に1対の脚をもつことでヤスデ綱との見分けは非常に簡単．脚が多数あることからムカデの漢字名は「百足」，英語名も"centipede"で百本の脚の意味である．日本にはゲジ目，イシムカデ目，オオムカデ目，そしてジムカデ目が生息している．ゲジ目やイシムカデ目の仲間は15対．オオムカデの仲間は21対または23対．ジムカデの仲間は31対以上である．主な生息環境も分類群によって大まかに異なり，ゲジやオオムカデの仲間は切り株の樹皮の隙間，石の下など，イシムカデやジムカデの仲間は様々な森林の落ち葉の下を好む．

コムカデ綱（Symphyla）

体長は10 mm未満，白色で弱々しい．11対もしくは12対の脚があり，一見するとムカデの幼生に似ている．また，白色であるため，昆虫類のナガコムシ類にもよく似ているが，尾部末端には円筒状の突起が1対あることから見分けられるようになる．乾燥に弱く，土壌中や朽ち木の下，石の下などの湿った環境を好む．ムカデの名前が付くが肉食ではなく，腐った落ち葉などの腐植質を食べる．

ヤスデ綱（Diplopoda）

ムカデ綱と同じように多数の節でできている細長い体と，多数の脚が特徴であるが，ムカデ綱とは異なり，4節目以降は1つの節に2対の脚をもつ．腐った落ち葉などの腐植質を食べる．指でつまむと独特の臭気（種によっては青酸を含むことがあるので注意が必要）を出す特徴があることや，体を丸める行動（丸めない種もいる）などから，慣れてくると興味をもちやすい動物群である．

ヨコエビ目・端脚目（Amphipoda）

甲殻亜門（Crustacea）に含まれる．軟甲綱フクロエビ上目．ヨコエビ類，タルマワシ類，ワレカラ類などが含まれる．湿った落ち葉の下に生息し，等脚目に比較しても乾燥に弱く，林床の湿度の指標になる．腐植質を食べるが，海産の端脚目などと同様，動物遺体も摂食する．

等脚目（Isopoda）

ワラジムシ類，ダンゴムシ類，フナムシ類などのほかに，魚に寄生するウオノエ類や，深海海底のダイオウグソクムシ（体長50 cm）も含まれる分類群．土壌

動物として欠かせないワラジムシ類，ダンゴムシ類（英語で woodlouse あるいは plural woodlice）は，林床の湿度の指標とされることがある．大きくダンゴムシ類（オカダンゴムシを想定）＜ ワラジムシ類 ＜ ヒメフナムシ類の順に湿度の高い林床と見なされる．オカダンゴムシはヨーロッパ産の外来種であると推定されているが，海岸線のハマダンゴムシ類や，森林の土壌に生息する小型のコシビロダンゴムシ類は日本土着である．基本的には食性は腐植食性だが，農作物の葉や茎（特に新芽）を食べることもある．

2.4　土壌動物の主要な分類群の近年の分類学的位置と分類体系

大型土壌動物のうち，主要な中型土壌動物であるトビムシ類とダニ類については，新しい体系について表 2.2，2.3 を用いて紹介する．これらの体系の改訂は，分子系統学的な研究手法の確立によって格段に情報が増えたことがその背景にある．土壌性ミミズ内部の系統関係あるいは環形動物内での分類学的位置については，長い間，関心が寄せられてきたものの，未解決のままであった．しかし，近年ようやく分子遺伝学的情報の蓄積により，解決の糸口が見えてきた．

分類体系での問題は，例えばトビムシ類とダニ類で分類階級を上げていることである．新体系では，トビムシ目をトビムシ亜綱に，ダニ目を胸穴ダニ上目と胸板ダニ上目にしている．ダニ類は単系統性が疑われているので（Nolan *et al.*, 2020 など），ダニ亜綱は本書では使用しない．しかしながら，トビムシ類は高次の系統解析の論文などでも（Giribet and Edgecombe, 2020），内顎綱内でコムシ目，カマアシムシ目と同様にトビムシ目という，1 つの OTU（operational taxonomic unit, 操作的分類単位）として扱われており，同様に，胸板ダニ類と胸穴ダニ類はクモガタ綱内でクモ目，カニムシ目と同様に扱われている．いずれ，これらの分類階級は整理されなければならないだろう．

2.5　主要な土壌動物の分類体系

近年，高次の分類体系に変更のあったトビムシ類，ダニ類，そして，ミミズ類について取り上げる．紙幅の都合上トビムシ類，ダニ類は，表 2.2，2.3 に示すにとどめる．

表2.2　日本産トビムシ目の高次分類群の和名（一澤，2020を改変）

A. Order Poduromorpha	**A. ミズトビムシ目**
（A）Superfamily Poduroidea	（A）ミズトビムシ上科
a. Family Poduridae	a. ミズトビムシ科
（B）Superfamily Hypogastruroidea	（B）ムラサキトビムシ上科
b. Family Hypogastruridae	b. ムラサキトビムシ科
（C）Superfamily Onychiuroidea	（C）シロトビムシ上科
c. Family Onychiuridae	c. シロトビムシ科
d. Family Tullbergiidae	d. ホソシロトビムシ科
e. Family Odontellidae*	e. ヒシガタトビムシ科*
（D）Superfamily Neanuroidea	（D）イボトビムシ上科
f. Family Brachystomellidae	f. サメハダトビムシ科
g. Family Neanuridae	g. イボトビムシ科
B. Order Entomobryomorpha	**B. アヤトビムシ目**
（E）Superfamily Tomoceroidea	（E）トゲトビムシ上科
h. Family Oncopoduridae	h. キヌトビムシ科
i. Family Tomoceridae	i. トゲトビムシ科
（F）Superfamily Isotomoidea	（F）ツチトビムシ上科
j. Family Isotomidae	j. ツチトビムシ科
（G）Superfamily Entomobryoidea*	（G）アヤトビムシ上科*
k. Family Paronellidae	k. オウギトビムシ科
l. Family Entomobryidae	l. アヤトビムシ科
m. Family Orchesellidae	m. ニシキトビムシ科
C. Order Symphypleona	**C. マルトビムシ目**
（H）Superfamily Sminthuridoidea	（H）オドリコトビムシ上科
n. Family Sminthurididae	n. オドリコトビムシ科
（I）Superfamily Katiannoidea	（I）ヒメマルトビムシ上科
o. Family Arrhopalitidae	o. ヒトツメマルトビムシ科
p. Family Katiannidae	p. ヒメマルトビムシ科
（J）Superfamily Sminthuroidea	（J）マルトビムシ上科
q. Family Bourletiellidae	q. ボレーマルトビムシ科
r. Family Sminthuridae	r. マルトビムシ科
（K）Superfamily Dicyrtomoidea	（K）クモマルトビムシ上科
s. Family Dicyrtomidae	s. クモマルトビムシ科
D. Order Neelipleona	**D. ミジントビムシ目**
t. Family Neelidae	t. ミジントビムシ科

科・亜科レベルの分類群をBellinger *et al.*（1996-2020）が示した分類体系に基づいて作成した．* Odontellidae ヒシガタトビムシ科の所属およびEntomobryoidea アヤトビムシ上科内の構成に関して特に検討が必要（一澤，2020）．

2.5.1　トビムシ類の分類体系

近年，トビムシ類の高次の分類体系に対する様々な検討がなされたが，一澤（2020）はこれらを概説し（表2.2），一澤ほか（2015）の体系と対比させて説明しているので参照されたい．

表2.3　ダニ類の高次分類群の和名（島野，2021）

I. Superorder Parasitiformes	**I. 胸穴ダニ上目 ***
A. Order Opilioacarida	A. アシナガダニ目
B. Order Holothyrida	B. カタダニ目
C. Order Ixodida	C. マダニ目
D. Order Mesostigmata	D. トゲダニ目
（A）Suborder Sejida	（A）ネッタイダニ亜目
（B）Suborder Trigynaspida	（B）ミツイタトゲダニ亜目
（a）Cohort Cercomegistina	（a）ケルコメギスツス団
（b）Cohort Antennophorina	（b）ムシノリダニ団
（C）Suborder Monogynaspida	（C）タンバントゲダニ亜目
（a）Cohort Microgyniina	（a）ムネワレダニ団
（b）Cohort Heatherellina	（b）ヒーサーダニ団
（c）Cohort Uropodina	（c）イトダニ団
（d）Cohort Heterozerconina	（d）キュウバントゲダニ団
（e）Cohort Gamasina	（e）ヤドリダニ団
II. Superorder Acariformes	**II. 胸板ダニ上目 ***
A. Order Trombidiformes	A. 汎ケダニ目 *
（A）Suborder Sphaerolichida	（A）クシゲマメダニ亜目 *
（1）Superfamily Lordalycoidea	（1）オタイコマメダニ上科 **
（2）Superfamily Sphaerolichoidea	（2）クシゲマメダニ上科 **
（B）Suborder Prostigmata	（B）ケダニ亜目
a. Supercohort Labidostommatides	a. ヨロイダニ上団
b. Supercohort Eupodides	b. ハシリダニ上団
c. Supercohort Anystides	c. ハモリダニ上団
（a）Cohort Anystina	（a）ハモリダニ団
（b）Cohort Parasitengonina	（b）オオケダニ団 *
d. Supercohort Eleutherengonides	d. ネジレキモンダニ上団
（a）Cohort Raphignathina	（a）ハリクチダニ団
（b）Cohort Heterostigmatina	（b）ムシツキダニ団
B. Order Sarcoptiformes	B. 汎ササラダニ目 *
（A）Suborder Endeostigmata	（A）ニセササラダニ亜目
（a）Cohort Alycina	（a）アミメウスイロダニ団
（b）Cohort Nematalycina	（b）ヒモダニ団
（c）Cohort Terpnacarina	（c）シリマルダニ団
（d）Cohort Alicorhagiina	（d）ニセアギトダニ団
（B）Suborder Oribatida	（B）ササラダニ亜目 ***
a. Supercohort Palaeosomatides（Palaeosomata）	a. コダイササラダニ上団
b. Supercohort Enarthronotides（Enarthronota）	b. フシササラダニ上団
c. Supercohort Parhyposomatides（Parhyposomata）	c. ヒゲヅツダニ上団
d. Supercohort Mixonomatides（Mixonomata）	d. セツゴウササラダニ上団
e. Supercohort Desmonomatides（Desmonomata）	e. カタササラダニ上団
（a）Cohort Nothrina	（a）アミメオニダニ団
（b）Cohort Brachypylina	（b）ハナレササラダニ団
（c）Cohort Astigmatina（Astigmata）	（c）コナダニ団（コナダニ小目）****

Krantz and Walter（2009）の pp. 98-100 に示された表に基づく．安倍ら（2009）の和名を島野（2018a）が改定した提案を表にまとめた（島野，2021）．* 島野（2018a）が改訂を提案した和名．** クシゲマメダニ亜目のみ上科の和名の改訂が提案されているためこれを示した（島野，2018a）．*** ササラダニ亜目の体系については本文参照．**** Hyporder：Schatz et al.（2011）に従えばコナダニ小目．

2.5.2　ダニ類の分類体系

ダニ類の高次分類群の体系についても，近年，見直しが提案された（Krantz and Walter, 2009; Zhang, 2013）．日本では青木（2015）により，土壌ダニ類を含んだ土壌動物の検索図説がまとめられたが，新体系提案後の当時は過渡期であり，ダニ類の新体系をすべてのページに導入するには時期尚早と判断された（島野・青木，2015）．

ダニ類の高次分類群，おもに団（cohort）以上の体系を改めて表に示した（表2.3；島野，2021）．なお，ダニ類を単系統と見なすことには分子系統学的に疑問が示されており，近年の節足動物あるいは，クモガタ類の系統解析でも，胸穴ダニ類と胸板ダニ類をそれぞれ1つの操作的分類単位としている（Nolan *et al.*, 2020 にまとめられている）．本書でもダニ（Acari）という分類群名の使用は控えた（島野，2018b, c）．

2.5.3　環帯類からみた土壌性ミミズの分類学的位置

土壌中で最も大きく，その環境（生態系）そのものを改変していく生物といえばミミズ類である．日本ではいわゆる体長が大きなミミズ類（大型土壌動物）と，体長はごく小さいが個体数が多いと考えられるヒメミミズ類（中型土壌動物）の2つが，それぞれ土壌生態系に大きく貢献している．

古くは，環形動物（Annelida）は節足動物（Arthropoda）の祖先ではないかと考えられてきた．しかし近年，脱皮の有無などの違いから，環形動物は螺旋卵割動物上門（Spiralia）（冠輪動物上門 Lophotrochozoa）に所属し，節足動物は脱皮動物上門（Ecdysozoa）に所属している（Brusca *et al.*, 2016 など）．

環形動物は多様な海産の分類群を含む．環形動物内の体系は明確に定まってこなかったが，このうち，ミミズ類とヒメミミズ類が所属する貧毛綱（Oligochaeta）は，ヒル類で構成されるヒル綱（Hirudinea）とクレード（共通祖先に由来する群）と認められ，環帯類（Clitellata）（分類学的階級なし）を構成するという説がほぼ認められている（環帯類＝貧毛綱＋ヒル綱；Weigert *et al.*, 2014; Erséus *et al.*, 2020 など．詳細な解説は小林（2021）を参照のこと）．現在の段階では，綱と目の分類階級とその名称については明瞭ではない（Brusca *et al.*, 2016; Giribet and Edgecombe, 2020）．

さて，ミミズ類（貧毛綱）には，水棲ミミズ，寄生性ミミズ，そして陸棲ミミ

ズと，実に様々な分類群があることが知られている（Brusca *et al.,* 2016 など）．
土壌動物としてのミミズは，多様なミミズ類の一部の分類群でしかない．土壌性
のヒメミミズ科（Enchytraeidae）は，potworms とよばれる．土壌性ミミズ（陸
棲ミミズ）は earthworms とよばれ，分類群としては厚環帯類（Crassiclitellata）
に所属するものが多い．5.1 節で言及されるフトミミズ（Megascolecidae），ツ
リミミズ科（Lumbricidae），ナンベイミミズ科（Glossoscolecidae），ムカシフト
ミミズ科（Acanthodrilidae）のそれぞれのミミズ類は厚環帯類に含まれる．日
本で土壌に生息するミミズは，厚環帯類のほかにジュズイミミズ科
（Moniligastridae）に所属する．ジュズイミミズ科はジュズイミミズ属 *Drawida*
の1属のみを含み，水田など湿った泥の中や，駐車場脇の草むらなど，特殊な環
境に生息しているものがいる．日本最長のミミズであるハッタ（ジュズイ）ミミ
ズを含んでいるためマイナーであっても注目される分類群である（南谷，2014-
2022）．

　さて，Erséus *et al.*（2020）は，環帯類内の系統関係のトランスクリプトーム
解析（mRNA を用いた大規模な遺伝子解析）を行った（図 2.1）．厚環帯類（土
壌性ミミズ：白矢印）が，ナガミミズ科（日本には生息しない）の一部および，
ジュズイミミズ科と単系統を形成した．また，ヒメミミズ科（灰色矢印）は，こ
れらとは異なる系統群となった．これまでナガミミズ科（細矢印）としてまとめ
られていた生物群は，ばらばらな多系統となった．ヒル類＋ヒルミミズ類は単系

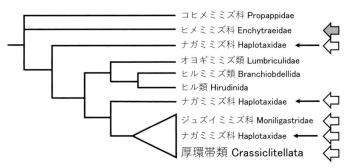

図 2.1　陸棲ミミズ周辺の系統関係（Erséus *et al.,* 2020；小林，2021 を改変）
厚環帯類はジュズイミミズ科以外の日本産土壌性ミミズとヒメミミズ科を含む．
ヒメミミズ科とナガミミズ科は本文参照．白矢印：土壌性ミミズ（ヒメミミズ科
を除く），灰色矢印：ヒメミミズ科，細矢印：ナガミミズ科．ブートストラップ
値が 100％でない系統群は多分岐で示した．

統となった.

　厚環帯類内部の系統関係については，長い間，関心が寄せられてきたが，主要なクレード間およびクレード内の関係は未解決のままである．Anderson *et al.*（2017）によるトランスクリプトーム解析を用いた外群3科，厚環帯類17科の系統樹作成は，厚環帯類が内包する科を網羅しているとは，いいがたいものの大きな前進の一歩だろう.

　現在，土壌動物学分野でも，進化や生物地理学研究について，プレートテクトニクス理論に基づいた大陸の成立と分化をふまえた議論が行われるようになってきた．トランスクリプトーム解析を用いた分岐年代推定が可能になってきたことと，化石情報の整理によってその較正が可能になってきたことが大きく影響している（Dunlop *et al.*, 2021 など）.

　Anderson *et al.*（2017）によれば，現在の土壌性ミミズのうち厚環帯類の科は，例外があるものの大きく2つのクレードに分けられ，それぞれ北半球と南半球に分布するという．超大陸パンゲアは，ペルム紀の約2億5000年前よりも前に成立し，ジュラ紀中期の1億8000万～6000万年前に分裂した．Anderson *et al.*（2017）の分岐年代推定の結果は，過去の超大陸パンゲアの分裂の年代と，現在の土壌性ミミズが北半球と南半球の2つのクレードに分かれた年代がほぼ一致しており，超大陸パンゲアの分裂がクレードの分岐の原因の一端になった可能性を示唆している.

　この分野の研究の余地は大いに残されており，今後，ますます地球史からの考察が加えられることで，研究の発展が期待される分野ではないだろうか.

2.6　環境指標と土壌動物

　土壌動物には，わずかな環境変化にも耐えられず姿を消す動物群（弱い動物群）から，人為的干渉や環境変化にも耐えて生き残る生物群（強い生物群）まで，様々な段階のものがいる．弱い生物群が多種生き残っているようなところは，「自然が豊か」（人為的干渉が少ない）と考えられる．一方，強い動物群ばかりが生き残っているようなところは，「自然が豊かではない」（人為的干渉が大きい）といえるだろう.

　さて，一般的に環境指標生物として環境評価で主に取り上げられるのは，哺乳

類，鳥類，爬虫・両生類，魚類，昆虫類，そして，植物である．取り上げられた
動物はすべて生態系の役割でいえば「消費者」であり，植物は「生産者」である．
広い意味で土壌動物は「分解者」であり，土壌動物を加えて初めて，生態系の全
体的な把握が可能となる．日本では，土壌動物による環境評価として主にスコア
法が使われる（島野，2014）．スコア法は，各生物群（指標生物）に強さ・弱さ
によって点数を与えておき，出現した動物の評点を総合して環境評価を行う方法
である（青木，1995, 2005）．

　環境指標生物としての土壌動物には以下のような利点がある（青木，1995,
2005）．

(1) どこにでもいる．生物指標として用いようとする生物群がわずかな環境の
変化で容易に消え去ってしまっては幅広い環境指標とはならない．この点，
土壌動物は，自然林から都市植栽まで土壌があれば幅広く生息し，環境の
変化に弱い動物群から強い動物群までを用いることができる．

(2) 種数と個体数が多い．例えばササラダニ類では，$1\,m^2$ の土壌に 2 万～10
万個体が生息しており，種数も約 30～50 種である．貴重な動物を調査の
ために採集したり，環境を破壊したりする必要もない．

(3) 環境変化に対して敏感．土壌動物は土壌の深部ではなく表層の有機物の多
い部分に生息している．このため，環境の変化に弱い動物群から強い動物
群までが，環境の変化に様々に反応し群集が変化する．

(4) 調査時期を選ばない．一年のうちの特定の時期に出現したり，朝夕，天候
に左右されたりせず，土壌動物は土壌があればいつでも採集できる．

(5) 移動分散力が大きい．小さな土壌動物が自力で移動できる距離はごく小さ
いが，火山が噴火して生物が全くいなくなった島にもいつの間にか，土壌
動物が戻ってくる．風に飛ばされたり，水に流されたり，鳥や動物に付着
したりするため，海峡や大きな河川，山脈などが障壁となることはまずな
い．したがって，その種にとって好適な環境には，ほぼ対応する分類群が
生息していることが，生物指標の条件としては重要である．

(6) 競争が少ない．当然，生物間の種間競争などはあるのかもしれないが，土
壌という環境で，特定の分類群同士の干渉はほとんど見られず，特定の生
物群がいることによって特定の生物群がいなくなるなどの，大型の脊椎動
物に見られるような競争関係は，分類群同士には見られない．むしろ，土

壌動物にとっては，おかれた土壌環境にいかに適応するかということの方が重要なようである．種と環境との対応関係がより重要という性質は，生物指標には好ましい．　　　　　　　　　　　　　　　　　〔島野智之〕

主な参考文献

Anderson, F. E. *et al.*, 2017. Phylogenomic analyses of Crassiclitellata support major Northern and Southern Hemisphere clades and a Pangaean origin for earthworms. *BMC Evolutionary Biology*, **17**, 1-18.

Brusca, R. C. *et al.*, 2016. *Invertebrates* (3rd ed.), Sinauer Associates.

Giribet, G. and Edgecombe, G. D., 2020. *The Invertebrate Tree of Life*, Princeton University Press.

Erséus, C. *et al.*, 2020. Phylogenomic analyses reveal a Palaeozoic radiation and support a freshwater origin for clitellate annelids. *Zoologica Scripta*, **49**, 614-640.

一澤　圭，2020．トビムシの高次分類体系における近年の動向．*Edaphologia*, **108**, 1-21.

小林元樹，2021．環形動物門の高次系統に関する概説．*Edaphologia*, **109**, 9-17.

島野智之，2021．ダニ類の高次分類群とその和名．*Edaphologia*, **109**, 34-35.

第3章
土壌動物の機能

3.1　微生物との相互作用によって拡張される土壌動物の機能

　土壌動物の生態系における機能は，分類群や機能グループごとに異なっている．その違いについて，Lavelle（1997）は以下のような機能グループにまとめた．

- (1)　微生物食者（microbial grazer, micrograzer）
- (2)　落葉変換者（litter transformer）
- (3)　生態系創出者（ecosystem engineer）

微生物食者には，原生生物（アメーバ，繊毛虫，鞭毛虫），小型節足動物（トビムシ，ダニ）などの分類群が含まれている．落葉変換者は，第1章であげたダンゴムシやワラジムシなどの等脚類，ヤスデなど，落葉を直接摂食し粉砕しているグループが含まれる．生態系創出者はJonesら（1994）が提唱した言葉で，その生物の活動自体がなくなったあとでも，かつての活動の結果が生態系の機能に影響を与えるような生物のことを指す．例えば，ビーバーが木を集めて河川にダムを造ることや，大木が倒れることによってできた根元のマウンドは生態系創出者による働きとされる．土壌動物で該当するのは，ミミズ，シロアリ，アリなどで，土壌中に坑道をつくったり，大きな巣をつくったりすることで生態系全体の機能に影響を与えている．上記の3つの機能群は，落葉の分解に直接・間接に機能するグループである．このグループは，大まかには大きさによる分類（2.1節参照）と対応していると考えられており，一般には微生物食者から生態系創出者になるほど個体サイズが大きくなる．

　本章では上記の3つの機能グループについて主に説明するが，土壌動物の機能

グループはこれ以外にも存在する．例えば，コガネムシの幼虫や，カイガラムシなどは植物の根を摂食，吸汁しており，根食者（root herbivore）とよばれるグループである．先の3グループは，落葉落枝の分解にかかわる生物であり，腐食連鎖に含まれるが，根食者は生きている植物を摂食することで生食連鎖に影響を与えていると考えられ，植物の成長に直接的な影響を与えている．さらに，動物を食べる捕食者（predator）も重要な機能グループである．代表的なものでは，トゲダニ，カニムシ，クモ，オサムシなどがあげられる．捕食は，生食連鎖と腐食連鎖のどちらの生物に対しても行われる可能性があり，他の土壌動物の個体数を制御してその機能に影響を与えている．

　有機物の真の分解者は微生物であることは第1章で説明した．では，なぜ土壌動物は分解の主役になれないのであろうか？　それは，土壌動物のほとんどが，有機物を分解するための酵素を自前でもっていないために，微生物の助けを借りないと自身のエネルギーを獲得できないためである．例えば，ブナの葉の有機成分は，セルロース類やリグニン（まとめてリグノセルロースとよばれることもある）が大半を占めている．リグノセルロースを消化し分解するためには，一連のセルラーゼやペルオキシダーゼなどの酵素が必要であり，菌類や細菌類はそれを体外に放出して有機物を分解しエネルギーを得ている．シロアリ，等脚類，貝類などの動物の一部にはセルラーゼなどの酵素をもつものがいるが，多くの動物はそうした酵素をもっていない．生きた植物を利用する場合は，リグノセルロース以外にデンプンや糖類が含まれており，それを消化すればエネルギーを得ることができる．落ち葉を利用する場合はそうしたものがほとんど含まれていないのでそれに頼ることができない．そこで，落葉などの消化しにくい有機物を利用するために，土壌動物は微生物を利用することになる．この微生物の利用の仕方が，微生物食者，落葉変換者，生態系創出者で異なっており，その違いが機能の違いにも影響を与えている．以下で，それぞれの機能グループの詳細について紹介しよう．

3.1.1　微生物食者の生態系機能

　微生物食者は細菌や菌などを直接捕食する．すると，微生物の群集の量（バイオマス）や組成が変化する．その結果，微生物のもつ生態系機能や養分の物質循環，植物との相互作用が変化することになる．また，菌が形成する子実体である

きのこに特に集まる土壌動物群集もあり，興味深い生態をもっているが，それについては，第4章で詳しく述べられている．微生物が有機物を分解する場合，主に細菌が関与する場合と，菌が関与する場合があるといわれている．前者を細菌経路，後者を菌経路とよぶ．細菌経路は，比較的分解しやすい資源が速い速度で利用される系であり，微生物食者の中では細菌食の線虫や原生生物が中心となる．一方，菌経路は，比較的難分解な資源をゆっくり分解する系であり，微生物食者の中では主に菌食のセンチュウや，トビムシ，ダニなどの小型節足動物が参加する経路である（図3.1）．

　細菌経路では，アメーバなどの原生生物や線虫による微生物の捕食が重要な役割を果たしている．細菌を食べる原生生物と線虫は根の周りの土壌で多く（Griffiths, 1990），以下に示すような根と微生物と土壌動物の相互作用の鍵を握っている．その機能の一つは，微生物の摂食を通した養分の排出である．このメカニズムの基礎として，微生物食の原生生物や線虫の体が，比較的高いC/N比（炭素と養分の比）をもっていることがあげられる．つまり，これらの細菌経路の土壌動物が，微生物から得た重要な養分のうち余剰分を植物が利用できる無機体の形で排出することで，根と微生物と土壌動物の相互作用を回転させている

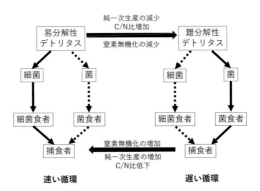

図3.1　土壌*の食物網における簡略化した細菌と菌の
　　　　エネルギー経路（Moore *et al.*, 2003）
細菌の経路は細菌とその消費者が，菌とその消費者よりも速い回転速度をもつことにより「速い循環」を示す．菌の経路は「遅い循環」を示す．デトリタスのC/N比の変化，純一次生産，窒素無機化速度は，互いの経路の相対的な重要度の動きに応じて変化している．*：原著論文では「根系（rhizosphere）食物網の」と記されているが，土壌全体でも類似の議論が可能である．

(Bonkowski *et al.*, 2000). もう一つの機能はある種の微生物が生産する植物ホルモンと類似した物質と関係がある. 原生生物による微生物の捕食の結果, こうした機能をもつ微生物が増加し, その結果植物の根が刺激を受けて生産が活発になる. すなわち植物にとって有益な微生物の働きを促進して, 植物ホルモンの生産を改変することによって植物の健康が促進されている (Bonkowski *et al.*, 2009). これらは, 根の周りの土壌の「微生物ループ」あるいは「ホルモンループ」とよばれている. 詳しくは島野 (2018) を参照してほしい.

　次に, 菌経路の代表選手であるトビムシの働きについて紹介しよう. トビムシは, ある種の菌を選択的に摂食することで直接的に, あるいは, 微生物の胞子などを散布させたり養分の状態を変化させたりすることによって間接的に, 微生物の量や活性に影響を与えている. 普通に考えると, トビムシが菌糸を食べるのだから, 菌糸は減り微生物の機能は低下するだろうと思われるかもしれない. しかし, 実際は必ずしもそうなっていない. 例えば, Ineson ら (1982) は, ミクロコズムに落葉を入れて菌糸の長さの変化を, トビムシを入れた場合と入れない場合で比較した. すると, トビムシの個体数が比較的少ないうちは, トビムシを入れたミクロコズムの方が菌糸の長さがより長くなった. このような現象を, 代償成長 (compensatory growth) とよんでいる. 代償成長は, 草食の哺乳類などがある程度のレベルまでの植物の摂食を行ったときに, 逆に植物の成長が促進される現象として観察されている. 一方, 摂食量が一定のレベルを超すと植物の成長量を摂食量が上回り植物が減少することになるが, これと同様のことは菌類とトビムシの間でも起きる.

　Hanlon and Anderson (1979) はトビムシと菌の量だけではなく, 同時に微生物の呼吸量と細菌の量も計測した. 落葉を入れたミクロコズムに菌の一種 (*Coriolus versicolor*) と様々な個体数 (0, 5, 10, 15, 20 個体) のオオフォルソムトビムシ (*Folsomia candida*) を投入すると, トビムシの個体数が少ない状態では, 微生物呼吸が促進された. 実は, この実験では菌の現存量はトビムシの投入後減少していたのだが, その一方, 細菌の現存量は増えていたのである. このようにトビムシの摂食は微生物群集の組成を変えることも知られている. さらに, トビムシの菌への好みが種の競争関係を変える例としては, Newell (1984a, 1984b) の研究が知られている. ここでは, トビムシの一種 (*Onychiurus latus*) が優占しており, この種が 2 種の菌オチバタケ (*Marasmius androsaseus*) とク

ヌギタケ属の一種（*Mycena galopus*）のうち，オチバタケの方を好んで摂食する
るために，菌同士の競争では勝つはずのオチバタケがトビムシによって抑えられ，
2種の菌類が共存することが可能になるとされている．

　微生物食者として認識されるダニやトビムシにおいては，後で述べるミミズの
機能のような土壌の団粒形成に果たす役割についてはあまり注目されてこなかっ
た．しかし近年，ダニとトビムシが直接，間接の経路で土壌団粒に与える影響に
ついて議論がされるようになっている（Maaß *et al.*, 2015）．小型節足動物が糞粒，
死体，卵，脱皮殻などを供給すると，それは団粒の核生成のポイントを提供して
いることになる．一方，摂食やその他の活動は団粒の崩壊にも寄与している．微
生物の菌糸は団粒を接着させる効果があるが，小型節足動物による菌糸の摂食は
間接的に団粒構造の形成に寄与している．Maaßらは，間接的な効果はおそらく
直接的効果より大きいだろうと結論づけているが，間接効果のサイズや方向性は，
微生物の寄与が介在しているので予測がより難しい．例えば，先に説明したよう
に，トビムシによる摂食が低いレベルから中程度であった場合は菌の成長を促進
するが，高いレベルの摂食圧は菌の成長を減少させる．したがって，低いレベル
から中程度の摂食は土壌団粒形成を促進しうるが，高いレベルの摂食は団粒形成
を抑制するだろう．しかし，中型土壌動物のこれらのプロセスを通した生態系機
能への寄与は十分に定量化されておらず，今後の研究が必要である．

3.1.2　落葉変換者の生態系機能

　落葉変換者（等脚類やヤスデ）は，一般に微生物食者よりはサイズが大きく，
したがってより頑丈な口器をもち，それを使うことで，リター（落葉落枝）ある
いは腐植を直接摂食することが多い．したがって有機物の分解速度や，それに含
まれる養分の放出に寄与している．消化しにくいリターを分解するためには，微
生物がもつような酵素が必要であることは先に述べたとおりである．海産の等脚
類では，自前のセルラーゼをもつことが確認された（King *et al.*, 2010）．陸上の
等脚類の消化酵素の起源については諸説がある（Zimmer, 2002）が，肝膵や表
皮細胞の共生細菌，および落葉に付着していた腐生性の細菌や菌由来のものが主
に使われていると考えられている（金子, 2007）．つまりセルロースやリグニン
などの利用しがたい餌（落葉）を消化するために，微生物との共生関係を発達さ
せている．これらの内部共生微生物はセルロースとフェノール化合物を分解する

細胞外酵素を生産し，それゆえにさらに消化している物質の分解を促進することになる．

　微生物の利用は体内の酵素だけではない．落葉変換者はリターを摂食した後，それを糞として排出するが，このような糞は，元のリターと比して，比較的高い表面積・体積比をもつ．そのため，微生物の分解速度を促進することになる．落葉変換者の糞はまた，微生物のうち，特に細菌の成長に好適な環境を与えることが知られており，分解と養分放出の速度を増加させることになる．　Anderson and Bignell（1980）は，タマヤスデ属の一種（*Glomeris* sp.）の食物，中腸，後腸，糞中のバクテリア数の変化を調べたが，細菌の数は食物より中腸，さらに中腸より後腸，糞へと進むに従って増加することを観察している．このように，等脚類やヤスデが排出した糞が新しい状態のときはそこで微生物が増加する．それを利用して，落葉変換者の一部はその糞を再度摂食する糞食（coprophagy）を行う．そうすることで，分解された有機物や，微生物の酵素によって，消化しにくい餌を利用しやすくしている（Kautz *et al.*, 2002）．このような微生物によって食物が事前に調節され，蓄えられた微生物の細胞を消化したり，より利用しやすくなった有機物を消化したりすることができるプロセスを体外ルーメンとよぶ．

　野外での落葉変換者の働きはこのような落葉の粉砕に注意が注がれてきた．例えば，カナダのベイスギの森にすむババヤスデ科のヤスデ（*Harpaphe haydeniana*）は1年間の落葉量の36％を消費するとされている（Cárcamo *et al.*, 2000）．また，同じババヤスデ科で日本に生息するキシャヤスデは，群遊（大量の成熟個体が地上を徘徊する）することで有名なヤスデである．このキシャヤスデの群遊前後で森林に堆積している落葉層（A_0 層）の量を比較したところ，群遊した後では，$3.77\,\mathrm{kg\,m^{-2}}$ から $0.94\,\mathrm{kg\,m^{-2}}$ に激減することが報告されており，その大きな影響が示唆される（新島，1984）（ヤスデの生態については第6章で詳しく紹介される）．オカダンゴムシはヨーロッパが起源とされているが，外来種として世界中に分布している．日本では開けた森林ではオカダンゴムシを見かけることがあるが，森林植生にはあまり侵入していない印象がある．アメリカ・フロリダ州の落葉広葉樹林では，場所によってはかなりのレベルで1万個体 $\mathrm{m^{-2}}$ ほどの高い密度も認められるようである（Frouz *et al.*, 2008）．100個体 $\mathrm{m^{-2}}$ 程度のオカダンゴムシが生息する落葉広葉樹林で，落葉の分解に与えるオカダンゴムシの効果を調べた実験では，動物を除去したミクロコズムと比べて明らかに

大きな消失量を示した（Frouz *et al.*, 2008）．他の大型土壌動物の侵入が可能な
ミクロコズムと，オカダンゴムシを野外密度レベルで導入したミクロコズムでの
落葉の消失量はほぼ同程度であり，オカダンゴムシの効果が大きいことが示唆さ
れた．

　等脚類では，微生物の摂食も知られており，その効果はトビムシによるものよ
りも大きいことが報告される場合もある（Crowther and A'Bear, 2012）．また，
ワラジムシ（*Oniscus asellus*）が，菌の一種（*Resinicium bicolor*）を好んで摂
食することにより，2種の下位の菌の種が競争排除されるのを防ぐことも示され
た（Crowther *et al.*, 2011）．一方，同じ実験で，センチュウの一種（*Panagrellus
redivivus*）は，上記の下位の菌の成長を促進することでミクロコズム内の競争
的階層構造を入れ替える結果を示した．このようにワラジムシは，トビムシやセ
ンチュウなどの微生物食者とは異なる効果を微生物群集に与えている．

3.1.3　生態系創出者

　生態系創出者として最も有名な土壌動物はミミズであろう．ミミズは，地中に
坑道をつくり，土壌中の通気性，通水性を変化させている．また，地上あるいは
地下部に，有機物と鉱物質土壌が混合した糞を排泄する．ミミズの土壌構造に与
える機能と生態については第5章を参照してほしい．

　ミミズの働きは土壌の団粒構造を発達させるとともに，有機物の存在形態を変
化させ，微生物の群集構造や活性に影響を与えることが知られている．排出直後
のミミズの糞は，周囲の土壌と比べると，明らかに多くの数の微生物を含み，酵
素活性も高い．糞がこのような性質をもつのは，ミミズ消化管内の微生物がミミ
ズの体内の環境に対応して増加したり，糞が微生物にとって利用可能な養分に富
んだ基質であるためである．ミミズ消化管内の消化酵素には，キチナーゼ，プロ
テアーゼ，フォスフォターゼ，セルラーゼなどが含まれるが（Brown *et al.*,
2000），これはミミズ自身が分泌したものと，微生物由来の両方が含まれる
（Lattaud *et al.*, 1998）．このようにミミズは，落葉や土壌とともに土壌に生息す
る微生物を取り込むが，これらの微生物は特にミミズと密接な共生関係をもって
いるのではない．微生物がたまたま体内に取り込まれ生育条件がよくなるような
関係を条件的共生（facultative symbiosis）とよぶ（Lavelle and Spain, 2001）．
後に述べるシロアリの一部のように，原生生物や微生物が完全に体内に常駐する

スペースがあるような場合よりは，やや“緩い”微生物との関係といえるかもしれない．ミミズによって体内に取り込まれた微生物は，消化管内で水分や栄養分を補給され，pH も適度に調整されることで，活動が活発になると考えられている（Sleeping Beauty 仮説；Lavelle, 1997）．

　アリとシロアリは社会性をもつ動物であり，地中や地上に坑道を拡張したり，あるいは巨大な巣を形成することによって，土壌の構造や特性を大きく変化させることが知られている．シロアリは特に，乾燥-半乾燥生態系を含む熱帯・亜熱帯地域の分解者として重要である．一方，アリは温帯を含むより広い分布を示しており，捕食者であったりハキリアリのような植食者であったりもする幅広いものになる．こうしたことからアリはシロアリに比べると，分解，土壌の形成，回転にはあまり影響しないが，巣の構築などを通して土壌構造の変化に寄与することは知られている（Lavelle and Spain, 2001）．シロアリは，多くの熱帯・亜熱帯生態系の分解とそれによる炭素と養分の循環に大きな影響を与えていることから，地球全体の陸上の二酸化炭素の流れの 0.2〜2％に寄与すると推定されている（Sugimoto *et al.*, 2000）．これは 1 つの分類群の生物としてはかなり大きな量と考えることができるかもしれない．

　シロアリは，下等シロアリと高等シロアリという 2 つの大きなグループに分けられる．前者は 温帯から熱帯に分布し，セルロース分解性の腸内共生原生生物が腸内に共生している．一方，高等シロアリは亜熱帯から熱帯にかけて分布し，原生生物をもたない一方で，腸内共生者として細菌などの原核生物が存在する．下等シロアリではすべて木材を摂食するのに対し，高等シロアリは木材のほか，枯葉，腐葉土，土壌，菌類，地衣類など，様々な食性をもつ種を含んでいる（本郷・大熊，2008）．このように，シロアリは腸内共生者が木材などの難分解性の有機物を利用するのに有効に働いているとされているが（Breznak and Brune, 1994；金子，2007），近年では，シロアリの体内にも自前のセルロース分解酵素をもつものがいることが報告されているので（Watanabe and Tokuda, 2010），すべてが微生物頼みというわけではない．

3.2　分解だけではない様々な生態系機能と地上の生物との関係

　ここまでは，土壌動物の主に落葉分解の機能を中心に紹介してきた．一方，落

葉の中には，植物や微生物の成長に必要な養分やミネラル，すなわち，窒素，リン，カリウムなどが含まれており，これら養分やミネラルの循環に土壌動物が大きく関わっている．例えば，落葉を入れたミクロコズムに様々な土壌動物を入れることで，その動物の養分，ミネラル循環への効果を測定することができる．Anderson ら（1983）によるカシの落葉を基質として用いた実験では，特に，ミミズやヤスデなど大型土壌動物では，アンモニア態窒素の量を大きく増加させる効果が見られた．その他にも，リン酸塩イオン（Setälä *et al.*, 1990）の放出が土壌動物の投入により増加する例が報告されている．Berg ら（2001）が，マツ林における炭素と窒素の循環についてモデルを用いて解析した結果によると，土壌動物の寄与は，炭素の循環では20%ほどであったが窒素では80%と高い寄与が認められた．このように土壌動物による寄与は，炭素の循環に比べると窒素，リンやミネラルにおいて大きくなるようである．

　ミミズの存在は有機物の分解を促進するとともに，窒素，リンなどの養分の無機化を促進することが示されている（金子，2007；Nielsen, 2019）．こうした養分循環に与える効果によって植物の成長が促進されることが示されており，ミミズの作用を農業利用の中に組み込もうとする研究が盛んに行われている（第5章参照）．このように一般にミミズの効果は人類にとって好ましいものである一方，ある生態系では好ましくない効果，すなわち，土壌を圧縮したり，土壌からの有機物を排除したり，浸透が増加することにより土壌の侵食を進めたり，微生物呼吸の増加による土壌炭素の損失を生じさせたりすることもある（Lavelle *et al.*, 2004）．

　ミミズは土壌の表面や土壌中の種子の生存や，発芽，実生の定着を調整することによっても，植物群集に影響を与えている（Forey *et al.*, 2011）．例えば，ミミズが土壌の表面から種子を土壌深くに移動させると，種子捕食者が食べられなくなるため種子の生存率が高まる．ただこの作用は必ずしも植物にプラスの効果を与えるだけではなく，必要以上に深い場所に埋められた場合には発芽できなくなるというデメリットもある．こうしたミミズの影響は種子サイズによって変化することが予測されるだろう．例えば，3種の小さい種子の草本と3種の大きい種子の草本をオウシュウツリミミズの在不在の条件のメソコズム（やや大きなミクロコズム）で栽培し，その定着の様子を調べた実験がある（Milcu *et al.*, 2006）．ここでミミズがいる場合，種子の大小にかかわらずその植物が定着しに

くくなったが（図3.2），大きい種子の方がこの影響が小さく，6種同時にメソコズムに入れると，大きい種子の植物がより優占することになった（図3.3）．この原因として，大きな種子の植物はミミズによって食べられにくく，土壌の比較的上部にとどまることに加えて，ミミズの養分の供給の恩恵を受けやすくなることで，より生存率が高まったことが考えられた(Forey *et al.*, 2011)．Liu ら(2019)は，ここまで述べてきたようなミミズのもつ機能が持続的農業に必要な多様な生態系サービスの機能を維持する鍵になっていると主張している．彼らの研究では，ミミズは，微生物との相互作用のうち，特に細菌経路を促進させることによって多機能性を発揮するとしている（図3.4）．

　地上の動物が植物の葉を食べるように，土壌動物も植物の根を食べることで直接的な影響を与えている．根が食べられることにより，地下部の炭素の配分や根からの浸出物の量が変わることで(Schultz *et al.*, 2013)，土壌動物に与えられる餌の質や量が変化して，別の種の土壌動物や土壌食物網の生物にも連鎖的な効果を与える．コガネムシやコメツキムシ，ガガンボの幼虫などは根系をかみちぎるような食べ方をしており，農作物の害虫として知られている(角田, 2018)．また，植物の根が摂食されると，地上部の植物を食べる動物にも影響を与えるような統合的な植物の防御反応を引き出すことが観察されている（Wurst *et al.*, 2008）．例えば，根が摂食されると植物が防御形質を多く生産するようになる．このような反応を誘導防御（induced defense）とよぶ．誘導防御は直接食べられた器官だけでなく，まだ食べられていない器官でも生じうる（角田，2018）．このため

根が摂食されることによって，地上部の葉の防御物質が変化するということが起こりうる．例えば，クロガラシ（*Brassica nigra*）の根がキャベツハナバエ（*Delia radicum*）の幼虫に食べられると，防御物質であるグルコシノレートの濃度が葉で上昇し，葉を摂食するモンシロチョウの幼虫の成長が減少するといった例が知られている(Soler *et al.*, 2007；角田，2018)．こうした根の摂食は個別の植物に影響を

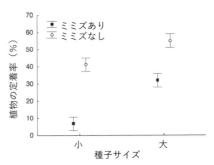

図3.2 オウシュウツリミミズの存在と種子サイズによる植物の定着率の平均値（±標準誤差）(Milcu *et al.*, 2006)

与えるだけでなく，植物群集の種間競争に影響することで生態系の主な植物の顔ぶれを変えることもある．Brown and Gange（1992）は草原の生態系において，

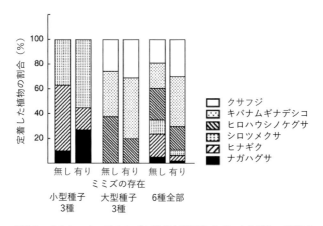

図 3.3　オウシュウツリミミズの存在と種子サイズによる植物の種組成（定着率）の変化（Milcu *et al.*, 2006）

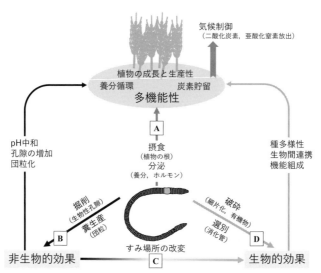

図 3.4　生態系多機能性へのミミズの寄与の経路を示す概念的枠組み（Liu *et al.*, 2019）
　経路（A）はミミズによる直接的寄与を示し，（B）～（D）は掘削，糞生産活動による土壌の無機的環境の調整や，破砕，選別プロセスを通した生物群集の効果による調整といったミミズの間接効果を示している．これらすべての効果は，ミミズの活動中に同時に起こる．

根の摂食者を除去するために殺虫剤を散布した場所と，対照区を設置して，草原の植生の遷移を比較した．殺虫剤が散布された区では，広葉型の草本の被度が増加することで種数が増加していた．つまり，根の摂食者は，広葉型の草本の根を摂食することでイネ科草本への遷移を進行させる働きがあると考えられた．

　先の例は地下の生物の働きによる植物の地上部への影響であるが，地上の植食者が土壌動物を含む地下の分解者の働きを変化させ，植物の栄養や生産性に影響を及ぼすこともある．Wardle ら（2004）は，土壌養分が豊富で植物がよく育つ生態系と土壌養分が少なく植物の育ちが悪い生態系での植物の特徴や，地上部，地下部の生物の働きがどのように異なっているかについてまとめることで，地上部と地下部のつながりの概念を示した．植物の特徴の違いは土壌に供給する落ち葉の量や質に影響している．それが落葉の分解しやすさや，さらには養分を吸収するために根を多くするかの違いにつながる．そうした植物の違いは土壌生物相による分解プロセスの違いも生み出す．分解プロセスの違いは，植物の特徴の違いにフィードバックされることになる．このようなフィードバックの形が繰り返されることで，土壌養分が豊富な生態系と乏しい生態系では異なるプロセスをもった生態系が維持されていくことになる．

　ここまでは，比較的短い時間における土壌動物の影響を考えてきたが，さらに長い時間スケールを考えてみよう．有機物は土壌動物の摂食を通して，鉱物質の土壌と混合されて，団粒の内部に長時間にわたって（数カ月から数十年のスケールで）保持され，土壌動物の糞となって周りがコーティングされることで微生物による分解を受けにくい状態になる．このような状態になることは，すなわち土壌動物による有機物の摂食が土壌中に含まれる有機物の量を増やし，生態系全体としての炭素の流れを遅くする方向に働くことにつながる（Lavelle and Martin, 1992; Barois *et al.*, 1998）．このような作用を炭素貯留（carbon sequestration）とよんでいる．つまり，土壌動物は短い時間スケールでは分解を促進して炭素を素早く消失させる方向に働く一方で，長期的には土壌の中でため込む作用をもつということになる．炭素貯留の作用は，有機物と土壌を同時に摂食するミミズ（第5章）やキシャヤスデ（第6章）で詳しく説明されている．

　以上のように，土壌動物の機能は，大まかにはサイズごとに異なり，微生物食者，落葉変換者，生態系創出者とよばれる機能群に分けることができた．それぞれの機能群は微生物と様々な相互作用をもつことにより，落葉分解，物質循環を

通して生態系機能に影響を与える．こうした間接的な作用と根食者のような直接的な作用によって，土壌動物は植物群集の構造や機能に影響を与え，炭素循環や窒素酸化物の放出を通して地球規模の循環にも寄与している．

3.3　土壌動物の多様性と機能

　土壌動物には様々な機能があることをここまで説明してきた．一方で第2, 7, 9章で述べられているように，土壌動物は非常に高い多様性をもつことが知られている．ではこのような機能と多様性の間にはどのような関係があるのだろう．生態学の分野で，この数十年にわたって非常に注目を集めたトピックの一つが，この「生物多様性と生態系機能（biodiversity and ecosystem functioning: BEF）」の関係である．BEF の研究は，はじめのうちは，植物の種の多様性の効果に集中していた（Hooper *et al.*, 2005）．例えば，草地の植物の操作実験では，共存する植物の種数が増えると，陸上生態系の一次生産や物質循環速度が増加する，つまり種が多ければその機能も大きくなることが示されている（Tilman *et al.*, 1997; Hector *et al.*, 2000）．このような多様性が高まると機能が上昇する現象は2つの効果によって生じるとされており，それぞれ「相補性効果（complementarity effect）」と「選択効果（selection effect）」とよばれている．相補性効果とは，種が多くなれば，資源利用の特性が異なる様々な種が含まれることになり，資源を相補的に利用することで，群集全体の効率が向上し，例えば生産性が高くなるといった効果を示している．選択効果は，群集の種多様性が高いほど，その中に生産的な種を含む可能性が高くなり（サンプリング効果），その種が群集内での競争に勝つことによって（競争排除），結果的にその群集の生産性が高くなるというものである．

　土壌動物の生態系機能，土壌動物の多様性の関係を調べた初期の研究では，多様性のうち土壌動物の種数そのものは，生態系機能には大きな影響は与えない（つまり種が増えても機能はそれほど大きくならない）という結果が多く得られた．したがって，一般に土壌動物などの分解者において，その機能と多様性の関係は冗長性が高い（同じような機能をもつ種が多い）とされており（Bradford *et al.*, 2002; Faber and Verhoef, 1991），種数（多様性）と機能の関係は明確でなく，比較的少ない種でその効果が頭打ちになることが多いとされていた（Liiri *et al.*,

2002). 一方で，強い生物多様性の効果は，南極のドライバレーや非常に攪乱を受けた土壌のような低い土壌生物多様性をもつ生態系でよく観察されている (Nielsen *et al.*, 2011). こうした本来種数の少ない場所では1種の増加による機能への影響が大きいといえるだろう.

一方，群集の中の種のアイデンティティ（すなわち，群集組成，キーストーン種など，その種がどういう種であるか）と，群集の中にいくつの栄養段階の数を含んでいるかが重要であるという指摘がなされていた（Hättenschwiler and Gasser, 2005). つまり，単に種数が多いということではなく，いろいろな機能をもっている種が含まれることによって種数が増えるのであれば機能も大きくなるというわけである. 複数の機能グループを組み合わせることの機能量への効果は実験的に調べられている. 例えば，Zimmer ら（2005）は，ミミズとワラジムシを組み合わせた際に，落葉分解が促進されるのかについて調べた. 彼らの実験ではハンノキを基質として用いたときには，落葉の重量減少，微生物呼吸，土壌カルシウム濃度，土壌マグネシウム濃度において，2種を組み合わせた場合に純多様性効果（個別に実験したときに期待される期待値以上の効果）が示された. 一方，カシを与えたときには，個別の実験の予測よりも効果が下がる結果が得られた.

Heemsbergen ら（2004）は，土の物理状態を変化させる能力が高い地中性のミミズ，落葉を下の層に移動させる表層性ミミズ，落葉を粉砕する能力が高い等脚類やヤスデなどを組み合わせて実験した. その結果，機能が似ていないもの同士を組み合わせた場合に，単に種ごとに行った実験から得られた期待値以上の効果をもたらすことがわかった.

このように，生態系機能と土壌動物の多様性についての関係についてはまだまだ方法論的な問題が残る一方，初期の個別研究が次第に蓄積し，複数の研究をまとめたレビューも発表されるようになってきた（de Graaff *et al.*, 2015). de Graaff ら（2015）は，土壌の生物多様性の植物のバイオマス生産，土壌呼吸，リター分解，炭素蓄積量に対する効果を定量した，45の出版された研究のデータを用いた研究を行った. 彼らの分析では，土壌生物の多様性が失われると，土壌呼吸やリター分解が減少することが示された（それぞれ，-27.5%，-18%）. 彼らは，体サイズグループ内もしくはグループ間の種の喪失によって生じた効果も含めて解析を行っており，その結果，土壌動物の多様性の損失はリターの分解過程にネ

ガティブに影響することがわかった.

　さらに，多様性が高まることで個々の機能が向上することに加えて，生態系にお
けるより多くの向上も見られるのかどうかを明らかにしようとする，「生物多様性
と生態系の多機能性（biodiversity and ecosystem multifunctionality: BEMF）」
の研究も始められている．BEMF の背景には，以下のような想定がある．つまり，
生物の生態系機能は，1 年間のある時間もしくはある特殊な条件でしか働かない．
そのため，長期間にわたってある生態系が多機能を維持しているとすれば，それ
は，土壌群集全体としての結果であり，個々の種は，ある条件でのみ役割を果た
しているのだろうということである．例えば，Wagg ら（2014）は，徐々にメッ
シュサイズを減少させて段階的に土壌にふるいをかけ，土壌生物の多様性を減ら
していくことで，土壌生物群集の多様性を操作した．この手法で，多様性の損失
は純粋には土壌生物の体サイズに基づいたもので，かなり非現実的なものとなっ
ているが，そのかわり，はっきりとした多様性の傾度をつくることができている.
この実験では，それぞれの多様性の異なる土壌生物群集を形成したミクロコズム
内に，10 種のヨーロッパの草原で普通に見られる種を含む合計 40 個体の植物を
植栽した．その結果，土壌食物網の種多様性の減少と単純化は，養分循環・維持・
分解，植物の密度を含む複数の重要な生態系機能に強いネガティブな影響を与え
ることが示された．つまり，すべての機能で，土壌生物の多様性と多機能性には
強い正の関係があることがわかった．こうした土壌生物多様性，特に土壌動物の
多様性のリター分解以外の生態系プロセスへの効果を調べる実験的なアプローチ
を用いた研究がまだまだ不足しており，今後，地球環境変動の影響も加味したそ
うした研究が必要とされている（Nielsen, 2019）.　　　　　　　〔長谷川元洋〕

主な参考文献

金子信博，2007. 土壌生態学入門，東海大学出版会.

Nielsen, U. N., 2019. *Soil Fauna Assemblages: Global to Local Scales*, Cambridge University Press.

島野智之，2018. 第 2 章 原生生物. 土壌生態学（金子信博編），pp. 14-30，朝倉書店.

角田智詞，2018. 第 8 章 植物の根系と植食昆虫の関係. 土壌生態学（金子信博編），pp. 101-115，朝倉書店.

Wardle, D. A. *et al.*, 2004. Ecological linkages between aboveground and belowground biota. *Science*, **304**, 1629-1633.

第**4**章
土壌動物ときのこ
—森のきのこレストラン—

　きのこは，お菓子でできたレストランのようなものである．客は土壌動物だ．客もきのこならなんでもよいというわけではなく，好みの店やメニューがある．また，きのこが神出鬼没なら常連客は現れないだろうが，その発生が予測されると，常連客が現れるだろう．一方，きのこレストランを運営する菌類は，店舗を増やし生き残っていくために胞子散布が必要である．きのこ側としては，胞子を運ぶという対価を払わずたびたび食い逃げするような招かれざる客には制裁を加えることもあるだろうし，胞子散布を助ける得意客にはご馳走をふるまうこともやぶさかではないだろう．偶然訪れた客は，ご馳走にありつけるだろうが，招かれざる客への制裁のとばっちりを受けてしまうこともある．客同士のいざこざや，客を狙う捕食者もお店選びに影響してくるだろう．ここではトビムシを中心にきのこレストランで繰り広げられる話を紹介しよう．

4.1　土壌動物にとってのきのこ—お菓子の家—

　落ち葉の中で暮らす土壌動物にとって，菌類はまさにご馳走といえる餌だろう．落ち葉も餌として利用されるが，質のよい餌とはいえない．落ち葉はもともと，植食昆虫にも食べられず，植物にも捨てられたゴミのようなものである．植物は，葉を落とす前に，葉にあった栄養分を枝や幹に移動させ，葉への栄養分供給を止めるので，落ち葉の栄養価は高くない．さらに，落ち葉にはセルロースなどの難分解性の化合物が多く含まれているため，落ち葉から十分な量の栄養分を得るには，たくさん食べるか，多くのエネルギーを費やして難分解性の化合物を消化しなければならない．ところが，菌類は，落ち葉を強力な酵素で分解し，獲得した

栄養素を再合成して自分の体をつくっている．土壌動物はそれらの菌類の体（糸状の形をしており，菌糸という）を食べることで，消化しやすい栄養分を摂取することができる．そのため，センチュウ，トビムシ，ダニ，ワラジムシ，ヤスデなど実に多くの土壌動物が菌類を食べているのである．

　しかし，土壌中で十分な量の菌類を食べるのはそう簡単ではない．菌糸は直径が2～10 μmほどで，人の目には見えにくいが，1 g（乾燥重量）の森林土壌中に1,000～1万5,000 mもあるといわれており（大園，2018），量としては豊富に存在しているだろう．しかし，菌糸は落ち葉や土壌粒子の表面や隙間などに散在しているため，それらを集めて食べるのはひと苦労である（図4.1）．人にしてみれば，砂場にまかれたチャーハンを食べるようなものである．センチュウなど体サイズが小さい動物は，菌糸を見つければ十分な量の栄養を摂取できるだろう．ダニやトビムシなど中くらいの体サイズの動物は菌糸を選んで食べられるものの，十分な量を得るには土壌中に伸びて広がった菌糸をかき集める労力がいる．ワラジムシやヤスデなど体サイズが大きな動物は菌類をより分けて食べることはできないので，落ち葉や土壌ごと口に入れるしかない．

　土や落ち葉の中の菌糸に対して，地上に姿を現すきのこは，土壌動物にしてみればまさにお菓子の家である．きのこは，土壌中で暮らしていた菌類が胞子散布のために地上に一時的につくり出した菌糸の塊である．つまり，土壌から集められた栄養分・水分が，土壌中の落ち葉や鉱物と混じらずに，きのこの形で地上に現れるのである（図4.1）．また，菌類の中には植物の根に感染し，植物の細胞を殺さずに植物から栄養をもらっているものもある（菌根菌という）．そのような菌類がつくるきのこは大型のものが多い．体の小さな動物も，大きな動物も，

地上のきのこ
菌糸のかたまり
一度に大量に得られる

土壌中の菌糸
入り組んだ隙間に散在
集めるのが大変

図4.1　土壌動物にとってのきのこ

ひとたびきのこを見つければ，大量の菌糸を食べることができる．また，きのこ
には水分が多いので，乾燥に弱い動物にも利用しやすいだろうし，傘型のきのこ
は日傘や雨傘にもなってくれるだろう．

4.2　きのこを食べる土壌動物—客層—

　どのような土壌動物がきのこを食べるか覗いてみよう．きのこを食べる動物と
して，センチュウ，トビムシ，ダニ，ワラジムシ，ヤスデ，ナメクジ，昆虫（ゴ
キブリ，カマドウマ，ハサミムシ，アリ，甲虫（ハネカクシ，オオキノコムシ），
ガなど）などが知られる．これらの中には土壌を住み場所として全く利用しない
ものや，蛹になるときのみ利用するものも含まれるが，トビムシ，ダニ，ワラジ
ムシ，ヤスデ，ナメクジなど多くは普段から土壌を生息場所にしているものであ
る．きのこではこれらの訪茸（相良，1989；「ほうじ」と読む（相良氏，私信））
動物による絵図が展開されている．

　これらの土壌動物を観察するには大きさごとに工夫がいる．ワラジムシ，ヤス
デ，ナメクジ，昆虫などは肉眼で見つけられる．ナメクジには大型で大食漢のも
のもあり，きのこが一夜にしてすっかり食べられてしまうこともある．

　トビムシやダニなど体長1mm程度のものは，ツルグレン装置（第11章参照）
を使うと効率よく集められるので，どんな種がいるか観察しやすくなる．トビム
シはきのこをとるとぴょんぴょんと出てくるが，この装置を使うと確実である．
フクロムラサキトビムシ属（*Ceratophysella*）（図4.2）は雨の中きのこに集まり，
数日のうちに土壌に帰る．1つのきのこに対して数万個体に達することもあり
（Sawahata *et al.*, 2000），きのこを穴だらけにすることもある．動物もいないの
にきのこがスポンジのようにスカスカになっていれば，トビムシの仕業かもしれ

図4.2　きのこにみられるフクロムラサキトビムシ属
A：カッショクヒメトビムシ，B：ウスズミトビムシ，C：オオオニムラサキトビムシ．

ない.

　センチュウを肉眼で見つけることは難しいが, きのこを砕いて, ガーゼで包んで水に浸けておくと, 抜け出てきたものを容易に捕まえて観察することができる. きのこに付いて菌糸を食べるセンチュウには, 土壌から侵入してくるものや, ハエに運ばれてくるものなどが含まれる (津田, 2012).

　では, どのような種類のきのこだと土壌動物と出会えるのだろうか. 普段から土壌をすみかとする動物は, 土壌からアクセスのよい, 地面や落葉落枝, 倒木などから生えるきのこに種数や個体数が多くみられる. きのこの種類としては, イグチ目やベニタケ科, テングタケ属などの傘型の軟質のきのこなどに多い. 一方で, サルノコシカケ類のような硬いきのこや, キクラゲ類のようなゼラチン質のきのこ, そしてチャワンタケ類などの子嚢菌類のきのこには少ない傾向がある. サルノコシカケ類は硬くて, キクラゲ類はゼラチン質で食べにくいのかもしれない. 土壌で菌糸に囲まれて暮らす動物にとって, アクセスの悪いもの, 食べにくいものは, わざわざ地上に出てまで探すほど「お菓子の家」としての魅力がないのだろう. 一方, 特に硬いわけでもなくゼラチン質でもないチャワンタケ類になぜ少ないのかはわからない.

　雨上がりの夜のきのこ狩りは土壌動物愛好家にとって最高に楽しいひとときだろう. 土壌動物は湿り気を好み, 陽の光を嫌うため, 雨上がりの湿度が高く, 林床が濡れている状態で, しかも地表での活動の制約が緩和される夜間には, きのこにより多くの土壌動物が訪れる. 上にあげた動物のほかにもいろいろな土壌動物に出会えたり, 新たな発見をしたりすると期待される.

4.3　きのこに対する好み―客の嗜好性―

　土壌動物も, きのこだったら何でもよいというわけではなく, それぞれのグループによってきのこに対する好みがある. きのこの形質 (形や性質) は菌種によって様々で, 1つの菌種であっても, 部位ごとに形や性質が違う. 傘型のきのこは傘と柄からなり, 傘の裏にあるひだの表面で胞子がつくられる. ひだ状ではなく, 管孔状, 針状になっているものもある. どのきのこのどの部位をどう食べるか, さらにその好みは土壌動物の体の大きさや種類に応じて異なる. 体の大きなナメクジやワラジムシなどは傘の裏側や外側からひだや傘や柄などの柔らかい部分を

まとめて食べる．体の小さなトビムシなどは傘の裏側に隠れ，さらにひだの間に潜んで食べることもでき，さらに細かく食べ分けている．では，以下にトビムシの種ごとの好みを紹介しよう．

4.3.1 好みの部位—好みのメニュー—

同じような大きさのトビムシでも種類によって食べる部位が異なっており，さらに同じひだを食べる場合でも，ひだの表面を食べたり，ひだの中に潜り込んで内部から食べたりと，各部位を食べ分けている（図4.3）．ひだの間や管孔表面できのこの組織と胞子を食べる傾向が強い種として，カッショクヒメトビムシ（*Ceratophysella denisana*）とウスズミトビムシ（*C. denticulata*）があげられる（このような種類を「表面食者」という）．一方，同じ属でもオオオニムラサキトビムシ（*C. pilosa*）とフクロムラサキトビムシ属の一種 A（*Ceratophysella* sp. A）は傘や柄やひだの内部に潜り込み内部の組織を食べる傾向が強い（このような種類を「内部食者」という）．また，春先に倒木のきのこの傘の上や裏側にみられるアミメムラサキトビムシ（*Hypogastrura* cf. *reticulata*）は，きのこを表面から食べる．ヒダヒメトビムシ（*Schaefferia quinqueoculata*）は地中に埋もれた柄の基部に穴を掘って内部を食べる．本種は目の数が少なく，体色も淡く，地中の生活に適応している．オオアオイボトビムシ（*Morulina alata*）は傘の下や柄の上で表面をかじって食べる．

胞子を多く食べる動物にしてみれば，胞子からいかに栄養をとるかが肝心だろ

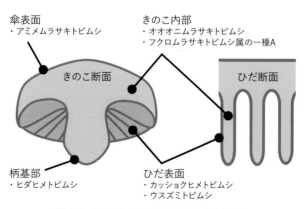

図4.3 トビムシの種ごとの大まかな摂食部位

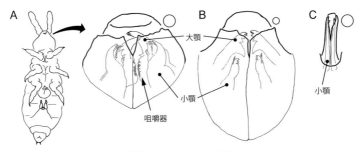

図 4.4　トビムシの口器
A：カッショクヒメトビムシ，B：オオアオイボトビムシ，C：ヒシガタトビムシ属
の一種．円は直径 10 μm で，口器に対するきのこの胞子（直径 10 μm 前後）の大
きさの目安．

う．フクロムラサキトビムシ属は大顎に咀嚼器（図 4.4）をもっており，それ
により胞子壁を壊しているといわれる．きのこのひだの表面で胞子を食べる種は，
内部に潜る種よりも，胞子を咀嚼する能力が高く，胞子内の栄養分を効率よく摂
取していると思われる．最初に紹介した表面食者のカッショクヒメトビムシは，
摂食しているときは 2〜4 分おきに糞をするが，ときには 30 分間も静止状態で糞
をしないこともある．数分おきに出された糞には胞子の中身が一部残っているこ
とが多いが，30 分間の静止状態後に出された糞中の胞子には中身がない．胞子
から栄養をうまく取り出す能力をもっているのだろう．

4.3.2　好みのきのこ─好みのお店─

大まかに表面食者と内部食者できのこの種類の好みが分かれる．野外で，4 種
のトビムシ（カッショクヒメトビムシ，ウスズミトビムシ，オオオニムラサキト
ビムシ，フクロムラサキトビムシ属の一種 A）の 6 菌種（チョウジチチタケ
（*Lactarius quietus*），キチチタケ（*L. chrysorrheus*），ドクベニタケ（*Russula
emetica*），ムラサキアブラシメジモドキ（*Cortinarius salor*），オオキツネタケ
（*Laccaria bicolor*），モリノカレバタケ属の一種（*Gymnopus* sp.））に対する好
みを調べた例では，4 種のトビムシともモリノカレバタケ属の一種を好むが，ほ
かのきのこに対する好みに違いがみられた（図 4.5）．表面食者のカッショクヒ
メトビムシとウスズミトビムシは 6 種すべてのきのこを食べるが，ベニタケ科の
チョウジチチタケ，キチチタケ，ドクベニタケを好む傾向がある．一方，内部食
者のオオオニムラサキトビムシとフクロムラサキトビムシ属の一種 A はベニタ

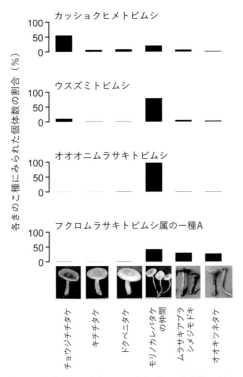

図4.5 野生きのこを食べていたトビムシ個体数の割合

ケ科のきのこにはほとんどみられず，後者はムラサキアブラシメジモドキとオオキツネタケを好む．

　では，どのような要因により，きのこに対する好みが分かれるのだろうか．その理由はまだわかっていないが，表面食者に好まれないきのこにはきのこ表面に，内部食者に好まれないきのこにはきのこ内部に，トビムシが嫌がる要因があると考えるといくつかの仮説が立てられる．例えば，内部食者に好まれないベニタケ科のきのこ内部にはハエの幼虫が多いことから，内部食のトビムシはハエの幼虫に邪魔されて落ち着いて食べられないことが要因という仮説が立てられる．一方，表面食者にあまり好まれないムラサキアブラシメジモドキとオオキツネタケには，現時点では思いつかないが，きのこ表面にトビムシが嫌がるような要因が隠されていると予想される．

　カッショクヒメトビムシとウスズミトビムシはきのこに普通にみられるトビム

シで，ベニタケ科のほかにもイグチ目やテングタケ属など様々なきのこから得られ，個体数も多い．おそらく，きのこ狩りをして「トビムシが多いきのこ」のイメージはこれらの種によってつくられているだろう（少なくとも少年時代の筆者には）．一方，オオオニムラサキトビムシとフクロムラサキトビムシ属の一種Aの個体数はそれほど多くなく，内部に潜っていることが多いので，意識しないかぎり見落とされることが多いだろう．きのこ狩りをしていると，後者の2種は，こんな種類のきのこに？　こんな小さなきのこの内部に？　など「意外なきのこ」から得られ，その菌種の組み合わせもそれぞれユニークでとても興味深い．これらのトビムシを見分けられるようになると，きのこ狩りを別の視点から楽しめるだろう．

　ここで，変わったトビムシを2例紹介しておこう．1つ目は子嚢菌のツバキキンカクチャワンタケ（*Ciborinia camelliae*）から見つかった新種のトビムシである．前述したように，子嚢菌のきのこにはトビムシはあまりみられず，さらに，このきのこは傷つけられると表面食者のカッショクヒメトビムシに対して忌避作用を発揮することが知られている．ところがそのきのこに対して，この新種のトビムシは穿孔して食べるのである．この新種は，ツバキキンカクチャワンタケから見つかり頭部につの状の毛をもつことから，ツバキオニヒメトビムシ（*Ceratophysella comosa*）と名づけられた．学名の*comosa*はラテン語形容詞の*comosus*(多くの毛をもつ)に由来し，毛深いことにちなんでいる．現在のところ，ツバキキンカクチャワンタケからしか見つかっておらず，他に何を，どんなきのこを食べているのか興味がもたれる．

　2つ目は表面食者のオオアオイボトビムシで，イボトビムシ科に属する．オオアオイボトビムシが好むきのこは特徴的ではないが，イボトビムシ科のトビムシがきのこを食べていること自体が珍しく，今のところ報告があるのは日本だけである．しかも，イボトビムシ類は咀嚼器をもたず，何らかの液状のものを吸うか細かいものをかき集めて食べると考えられていたので，オオアオイボトビムシがきのこのような固形物を食べているというのは衝撃であった．きのこにはオオアオイボトビムシによる摂食痕が，このトビムシの消化管内には菌糸や胞子が確認できる．同属の他の種も日本にいるが，きのこを食べることが判明しているのがこの種だけであることから，独自の進化をとげたのだろう．日本でしかみられないイボトビムシ類のきのこを食べるさまをぜひ観察してみてほしい．北海道，東

北，北陸，隠岐諸島などでよくみられる．このトビムシは跳躍器が退化しており
ジャンプしないが，驚かすときのこからポロリと落ちるのでそっと観察しよう．

4.4　きのこへの依存度

土壌動物はどの程度，食物をきのこに依存しているのだろうか．土壌をすみか
として利用する動物の中で，きのこだけを食べるように適応したものはいるのだ
ろうか．この答えはまだ得られていないが，きのこへの依存度は，きのこがいつ
どこに発生するかの予測性と，どれだけ存在し続けるかの安定性に影響されるだろ
う．

4.4.1　機会的利用—たまに見つけてふらっと立ち寄る—

軟質のきのこは一般に，突如として姿を現し，2日から1週間で姿を消すこと
から，予測可能性が低く，安定性が低い資源だといわれている．同じように，予
測可能性と安定性が低い資源は果実や動物の糞などで，土壌動物がこれらに完全
に依存するのは難しいかもしれない．多くの土壌動物にとって，きのことの遭遇
は，偶然起こるラッキーな出来事だろう．

ウスズミトビムシは，きのこを偶然出会えるラッキーな餌の一つとして，機会
的に利用していると考えられる．このトビムシは，個体数の多少はあるが，かな
り広範なきのこから得られる．また，きのこだけでなく，草食哺乳類の糞や土壌
中のカビも食べる．また，増殖が速く，年間を通して幼体がみられる．普段は土
壌中でカビなどを食べて生活し，地上の高栄養価な餌に偶然たどりついたら急速
に成長し繁殖するという生き方をしていると考えられる．

4.4.2　きのこ食への特化—常連への道—

きのことの出会いを必然にすることによって，きのこへの依存度を高めている
と思われる種もいる．きのことの出会いを必然にするには，①きのこ探索能力を
高める，②様々な種類のきのこをうまく組み合わせて利用する，③発生期間の長
い硬質のきのこを利用することが考えられる．

①のきのこ探索能力を高める方法として，トビムシの場合，移動にジャンプを
使うことがあげられる．体長1mmほどのトビムシにとって，落ち葉1枚でも障

壁があれば歩いて乗り越えるには時間がかかるが，数 cm ジャンプすれば一瞬である．以下に紹介するフクロムラサキトビムシ属，ヒシガタトビムシ属（*Superodontella*），ヒメコロトビムシ（*Microgastrura minutissima*）はいずれも，雨の日にジャンプを使って移動する．日本ではきのこの季節には 10 日に 1 回は雨が降るので，10 日ほどすれば再びきのこ探索のチャンスが訪れる．

　②の様々な種類のきのこをうまく組み合わせて利用している例として，フクロムラサキトビムシ属の種が考えられる．ひとつひとつはすぐに消えてしまう軟質なきのこであっても，種類の組み合わせによっては予測性と安定性を高め，きのこを季節的な資源として利用することができるだろう．きのこの発生時期は季節的に決まっており，数年間，同じあたりに発生し続ける菌種も多いので，発生時期や位置が予測できないわけではない．また，同じ季節に何回か発生する菌種を選べばきのこと遭遇する機会が増える．さらに，春から秋まで何かしらのきのこは発生しているので，複数種のきのこをうまく組み合わせれば，季節的に安定な資源としての利用も期待できる．生涯きのこだけを食べ続けることは難しくても，一生に一度でも，繁殖の前の一時期だけでも，きのこ探索に投資すると，繁殖前に消化しやすい餌を大量に獲得できて，より多くの子孫を残せるだろう．

　軟質なきのこに多くみられるフクロトビムシ属のいくつかの種は，きのこを季節的な資源として利用していると考えられる．これまでのところ，地上の資源としてはきのこからしか得られず，かつ，生活史に季節性がみられるものが多い．これらの種については，今後，利用するきのこの組み合わせと土壌中での食性を調べることで，きのこへの依存度がわかるだろう．

　③の発生期間の長い硬質のきのこを利用している例として，ヒシガタトビムシ属があげられる．硬質なきのこは 1 つのきのこの発生期間が長いので，資源としての安定性が高く，依存度を高めやすくなる．ただし，硬質な組織から栄養をとるための特殊化が必要になる．きのこを食べるヒシガタトビムシ属は咀嚼器をもたず，尖った口に針状あるいはハサミ状の顎をもっており（図 4.4C），硬質なきのこの管孔に頭から入り込んで食べる．このトビムシは，硬い組織を咀嚼するかわりにまだ知られていない別の方法で食べているのであろう．

　ヒメコロトビムシは軟質なきのこと，硬質なきのこの両方をよく利用するハイブリッド型である．食べ方やきのこへの依存度など，生態はまだ謎である．

Column 2　**トビムシの宙返り**

　トビムシ（跳虫）は漢字名のとおり飛翔せず跳躍する．腹部の下側にある叉状の跳躍器で地面を蹴りつけると（図A），トビムシの体は回転しながら宙を舞う．その舞い方は種や場合によって異なるようである（図B）．体長に対し短い跳躍器をもち移動にジャンプを使うグループは，その際，前宙返りをしながら前に落ちる．長い跳躍器をもつにもかかわらず普段は歩いて移動するグループは，外敵から逃げるためにジャンプを使う．その際，後方宙返りをしながら後ろや前に落ちる．後者の中でも体の丸っこいグループは超高速回転後方宙返りを見せてくれる．その回転速度（〜2万2,440 rpm）は動物界最速だという（Smith, 2020, https://youtu.be/QuO1EUeE5PM）．多くの種の跳躍高や距離は数cmほどだが，丸っこいグループには数十cmも跳ぶ種もいる．丸い体が超絶ジャンプの秘訣なのだろうか．一方，跳躍器が退化したグループもあり，それらは跳ぶことを捨てたように見える．しかし，跳躍器が退化していても体をくねらせて跳ねる種もいる．あなたの見つけたトビムシはどんなジャンプを見せてくれるだろう．　　　〔中森泰三〕

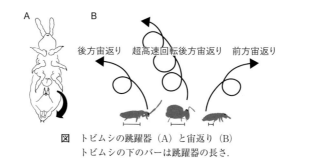

図　トビムシの跳躍器（A）と宙返り（B）
トビムシの下のバーは跳躍器の長さ．

4.5　きのこに潜む危険—お菓子の家には危険がつきもの—

　きのこにたどり着くと大量の菌糸を食べられるが，きのこが野外に発生し，それ自体が生き物であるかぎり，様々な危険が潜んでいるだろう．ここではきのこに潜む3つの危険を紹介する．

4.5.1　危険1—きのこの形質—

　スギエダタケとニオイコベニタケは触れるだけでトビムシを殺してしまうシスチジアをもっている（図4.6）．シスチジアというのはきのこにみられる異型細胞の総称で，その有無や色形は菌種によって異なり，きのこ研究者の間では分類形質としてよく知られている．スギエダタケはきのこの表面全体に分泌性シスチジアをもっており，ニオイコベニタケは傘と柄の表面とひだの縁に分泌性のシスチジアをもっている．野外ではシスチジアに付着してトビムシが死んでいることがときどきある．ろ紙で表面のシスチジアをこすりとったきのこの上にトビムシを置いても死なないが，スギエダタケのシスチジアにカッショクヒメトビムシを無理やり2分間触れさせると，数時間から数日の間に死んでしまう．ニオイコベニタケの作用はより強力である．カッショクヒメトビムシをニオイコベニタケのひだ縁部の上に落としてすぐに実体顕微鏡を覗くともう動かなくなっていたこともあった（この間2秒）．ニオイコベニタケにはひだの間にトビムシがいることがあるが（どうやってそこまでたどり着いたのだろう？），ひだの縁に差し掛かったとたんに動きが止まる．トビムシの腹部には腹管という器官がある．腹管の機能はまだよくわかっていないが，水分の摂取やイオンの吸収・排泄だといわれている．腹管にシスチジア分泌物が付着したときに，殺虫作用の即効性が高まるのではないだろうか．

　スギエダタケとニオイコベニタケのこれらの殺虫シスチジアは，ひだを食べられないよう守るためにしかけられた罠として機能しているかもしれない．室内の

図4.6　スギエダタケ（A）とその殺虫シスチジア（B）
矢印：傘とひだのシスチジア，＊：ひだ，スケールバー：
0.1 mm.

実験では，シスチジアをろ紙で拭い去ると，ひだがトビムシに食べられる頻度が増える．ひだで胞子がつくられるので，菌類の繁殖体である胞子を守っていることになる．

　菌類全体でみると，シスチジアの機能はいまだによくわかっていない．文献を調べてみると，シスチジアに被食防衛効果がある可能性は100年ほど前に指摘されていたが，ナメクジを使った観察では否定的な結果に終わっていた．トビムシのような小型の動物にはシスチジアのような小型の罠でも効果を発揮するのだろう．トビムシを観察することで，シスチジアの機能の一つを解明できたといえる．

　きのこをよく食べるグループのトビムシは，そもそもスギエダタケやニオイコベニタケには寄り付かない．シスチジアを除去しても，多くの個体はたとえ空腹であっても寄り付かない．殺虫シスチジアで死んでしまわないよう，それらのきのこを避けるように適応しているのだろう．野外ではスギエダタケやニオイコベニタケ上で死んでいるトビムシが見つかるが，頻繁に見つかるわけではなく，死んでいたのはきのこを食べないグループが多い．地表を移動している際に，偶然，これらのきのこに遭遇して死んでしまったものと考えられる．

　トビムシが寄り付かなくなっているのに，きのこが殺虫シスチジアをもつ意味は何だろうか．カッショクヒメトビムシやウスズミトビムシはスギエダタケやニオイコベニタケを訪れることはほとんどないが，それでもまれにスギエダタケ上で死んでいることがある．トビムシの集団の中には，スギエダタケやニオイコベニタケを食べにくるような個体がときどき現れるのだろう．そのような個体が増えてしまわないようにするために，きのこは防御し続ける必要があると思われる．

　一方，西日本にみられるオオオニムラサキトビムシはスギエダタケを好んで食べる．スギエダタケ上の生存率は100%である．このトビムシはシスチジアに触れても平気というわけではなく，無理やりシスチジアに触れさせると死んでしまう．ただ，シスチジアに触れる時間が短いほど死亡率は低くなる．このトビムシは，きのこの内部に穿孔して食べるので，それにより，表面のシスチジアに触れる時間が短くなり，死ぬことなくスギエダタケを利用できているという説明がなされている（図4.7）．

　土壌動物に食べられていないきのこには，まだ知られていない毒や罠が隠されているかもしれない．また，動物は簡単に食べているようでも，毒や罠を上回るすごい適応をしているのかもしれない．偶然死んでいたトビムシからそれらを解

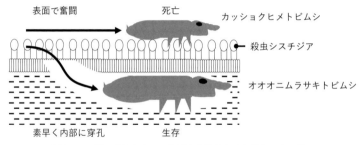

図4.7　スギエダタケ上での生死を分けるとされる食べ方の違い

き明かすヒントが得られることもあるだろう。動物ときのこの種の組み合わせごとに反応が異なるので、未知の毒や罠を発見するには、種レベルでの観察が必要だろう。その際は、人に食用だから土壌動物にも食用だろうという先入観をもたないほうがよい。トビムシを殺してしまうスギエダタケは人には食用とされている。

4.5.2　危険2—捕食者—

　きのこにいることで、捕食動物に食べられてしまうという危険もある。きのこには菌食動物のほかにトゲダニ、クモ、カニムシ、アリなど捕食性の動物もみられる。また、きのこによくみられるニシキマルトビムシ属（*Ptenothrix*）は菌糸も食べるが他のトビムシを捕食することもある。きのこには多くの菌食動物が訪れるので、捕食性動物にとってきのこは、絶好の狩場となるだろう。

　実際に捕食者がきのこ上の土壌動物を食べた例として、ウズムシ（Rhynchodemidae）によるトビムシの捕食がある。きのこを訪れていたウズムシの腸内にウスズミトビムシがみられた。このウズムシにもきのこの好みがあるようで、オオキツネタケやムラサキアブラシメジモドキ、ドクベニタケにみられ、ケチョウジチチタケやキチチタケ、モリノカレバタケ属の一種からは得られなかった。捕食者の訪れるきのこに偏りがあると、土壌動物のきのこ選びにも影響が出てくるかもしれない。捕食者のきのこの好みや餌の好みも興味深い。

4.5.3　危険3—大型の菌食動物—

　きのこの表面や中にいる土壌動物がげっ歯類、シカ、サルなどのきのこを食べる哺乳類にきのこごと食べられてしまうことはないだろうか。哺乳類がきのこを

食べようとしているのをいち早く察知したものは逃げられるが，逃げ遅れたものはきのこごと食べられて死んでしまうだろう．きのこをとって人が息をかけると，トビムシは慌てて逃げ出す．これは，菌食哺乳類から逃げるための適応ではないだろうか．きのこ内部にいるものは逃げ遅れるのではないか．そうだとしたら，きのこ内部を食べるようなトビムシは哺乳類が食べないようなきのこを好むよう適応するのではないだろうか．しかし，これらの仮説を支持するような結果は今のところ得られていない．

　きのこを食べる哺乳類の中で，人がきのこと一緒に土壌動物を食べているのは確かだろう．野外で採集したきのこには少なからず土壌動物がついている．土壌動物をなるべく取り除いても，きのこ鍋をするとトビムシが浮かんでいることがある．お菓子の家には，家ごと菌食哺乳類に食べられてしまうというリスクがあるだろう．

4.6　きのこの生き残り―きのこレストランの運営―

　きのこは菌類の胞子散布器官であるので，胞子散布を阻害する動物は敬遠され，胞子散布を助ける動物は歓迎されるだろう．軟質の傘型のきのこは胞子を風に乗せて散布するといわれており，わざわざ土壌動物に胞子散布を頼る必要もないようにみえる．ひだや管孔でつくった胞子を射出し，風に乗せるための巧妙な仕組みをもっている．気流に乗った胞子は数万 km も飛ばされうるという試算がある．きのこを食べにきてもらわない方が，より多くの胞子を風で散布できる．

　一方で，土壌動物を運び屋とすると，風だけではたどり着けない土壌中の基物まで胞子を届けてくれると期待できる．気流で遠くに運ばれるのはごく一部で，散布された胞子の95％以上がきのこから 1 m 以内に落ちているという．風に乗らないものは別の方法で運んでもらえると菌類の繁殖機会が増えるだろう．現在，土壌動物がきのこの胞子散布を阻害することと助けることのそれぞれについて，可能性を示唆する結果が得られている．

4.6.1　胞子散布を阻害する動物―招かれざる食い逃げ客？―

　カッショクヒメトビムシでは糞による胞子散布の可能性は低いことが示唆されている．22菌種の胞子を実験的に食べさせた結果，ブナシメジでは93％，それ

以外のきのこは98％以上の胞子が破壊される．特に，17菌種では100％の胞子が破壊され，胞子の原型を保っているようでも，亀裂が入っており，内容物が消化されている．カッショクヒメトビムシは大顎に咀嚼器をもっており，それにより胞子壁を壊しているといわれる．食べられた物は約60分で消化管を通過する．このトビムシは2～4日ほどきのこを食べ続けるので，仮に胞子が無傷で消化管を通過しても，きのこ上で排糞されることになり，散布には貢献しない．

　このような胞子散布を阻害する動物に対して，食べられなくなるような形質をもつきのこが進化してくるかもしれない．スギエダタケやニオイコベニタケは前述のとおり殺虫シスチジアをもっており，カッショクヒメトビムシに食べられない．ツバキキンカクチャワンタケとヘラタケはきのこが傷つけられるとカッショクヒメトビムシに対して忌避作用を示すようになる．また，きのこの中にはナメクジに対する摂食阻害物質をもつものもある．

　その他にも，きのこには土壌動物に食べられにくくしている形質があるだろう．例えば，細く長く硬い柄をもつきのこは可食部となる傘にアクセスされにくくなると考えられる．実際，長い柄をもつツエタケ類は食べられずに立っていても，ひっくり返してみると，すぐにワラジムシに食べられてしまう．ツエタケ類の長い柄は胞子を高くから飛ばすためのものであると考えられるが，土壌動物から食べられにくくするためのものであるとも考えられる．きのこにみられる様々な形質を，たとえ機能が知られていても，もう一度，菌食動物との関係から考えてみるのも面白い．

4.6.2　胞子散布を助ける動物―喜ばれるお得意様？―

　動物の種類によっては糞で胞子散布をする可能性も考えられる．例えば，オオアオイボトビムシの糞からはサクラタケの胞子が発芽しているところが観察されている（図4.8）．また，発芽までは確認されていないものの，オオキヌハダトマヤタケの胞子も97％が無傷のまま排糞される．オオアオイボトビムシは大顎に咀嚼器をもたないため（図4.4B），胞子が無傷のまま消化管を通過する確率が高くなると考えられる．また，咀嚼器をもつ動物でも体がより大きいものは，細かな胞子を完全に咀嚼するのは難しく，胞子を無傷のまま排糞することが増えるだろう．ベニタケ属やチチタケ属，ワカフサタケ属（Hebeloma）などいくつかの種の胞子はナメクジの消化液で発芽が促進される．また，多くの菌種で胞子が

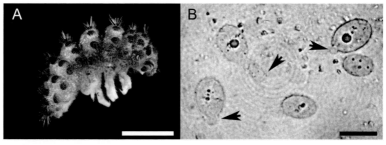

図**4.8**　オオアオイボトビムシ（A）とその糞中で発芽するサクラタケの胞子（B）
矢印：発芽した菌糸，スケールバーはA：1 mm，B：10 µm.

塊になっていると発芽率が高くなるといわれている．糞の中では胞子が塊になるので，胞子の発芽率も上がると期待される．

　トビムシでは糞より体表付着による胞子散布の方がありうるといわれているが，きのこについては研究されていない．きのこから得られたトビムシを顕微鏡観察する前に洗ったり脱色したりするので，その際に胞子が流れてしまう．ウズムシに食べられ腸内にみられたトビムシには，洗い流されなかったためだろうか，胞子が付着しているところが観察されている．体表に付着した胞子は咀嚼などで破壊されることなく脱皮するところまで運ばれるだろう．トビムシは湿潤な環境で脱皮するので，きのこの胞子にとっても発芽しやすい環境であると期待される．

　菌類にしてみれば，胞子散布を風媒一本にかけるのではなく，状況に応じて，虫媒なども合わせてとりうると，子孫を増やすチャンスも増えるのではないだろうか．きのこには放出されない胞子が残るという（Kobayashi *et al.*, 2017）．きのこに残った胞子や，きのこの直近に落ちた胞子のその後の散布に土壌動物は貢献しているのかもしれない．　　　　　　　　　　　　　　　〔中森泰三〕

主な参考文献

Kobayashi, M. *et al.*, 2017. Spore dissemination by mycophagous adult drosophilids. *Ecol. Res.*, **32**(4), 621-626.

大園享司，2018. 基礎から学べる菌類生態学，共立出版．

相良直彦，1989. きのこと動物―ひとつの地下生物学―，築地書館．（2021 年に新訂版刊行）

Sawahata, T. *et al.*, 2000. Number and food habit of springtails on wild mushrooms of three species of Agaricales. *Edaphologia*, (66), 21-33.

津田　格，2012. キノコと昆虫を利用する線虫たち―森をめぐるミクロな世界―. 微生物生態学への招待（二井一禎ほか編），pp. 127-145，京都大学学術出版会．

Column 3　とび出す肛門

　トビムシの中で，歩くのが遅く，地表での水平移動に跳躍器を使ってジャンプするグループには，肛門の内側に出し入れ可能な粘着性の囊 状 体（袋状の器官）をもつ種がいる．ジャンプの直前に肛門の囊状体（肛門囊）を突き出し，ジャンプ後の着地に使っているのである．ジャンプの後，着地点からさらにバウンドしてどこに行くか制御できないが，肛門囊が接地することでくっついて転げ回らずに止まれる．地表は平坦に見えても体長1 mmほどのトビムシにとっては起伏が激しい．着地がうまくいかないと，落ち葉の隙間深くまで転がり落ちてしまい，そこではジャンプするにも障壁が多く，地表に戻るためいちいち歩いて登ることになり，水平移動の効率が悪い．肛門囊で表層近くに着地し，体勢を立て直して肛門囊をしまい，方向を定め，再び肛門囊を突き出しジャンプする．そうすることで，効率を上げているのだろう．フクロムラサキトビムシ属（*Ceratophysella*）は，肛門囊以外にも触角の先端節の付け根にも出し入れ可能な囊状体をもつ（図）．頭から落ちても，おしりから落ちてもくっついて安定して着地できるのだ．　　　　〔中森泰三〕

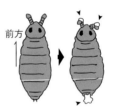

図　ジャンプ直前のフクロムラサキトビムシ属（背面から見た図）矢頭は粘着性の囊状体.

第5章
ミミズの分類から
土壌動物の活用まで

5.1 ミミズとはどんな動物なのか

5.1.1 ミミズとはどんな分類群なのか

　ミミズは環形動物の一員であり，環形動物は軟体動物や扁形動物に近縁なグループである（図5.1）．かつて，環形動物は多毛類，貧毛類，ヒル類の3グループに大別されてきた．しかし，近年の分子系統解析の発展により，環形動物の先祖は海の中で進化した多毛類であり，ミミズはその中で陸上に進出したごく小さなグループであり，ヒルはミミズの特殊化した一つのグループに過ぎないことが明らかになっている（図5.1）．このため，最近ではかつての貧毛綱（いわゆるミミズ）とヒル綱をまとめて環帯類（または有帯類）とよぶことが一般的である（2.5.3項も参照）．

　生息場所と大きさから，ミミズはいくつかに分けられている．いわゆるミミズは陸棲大型貧毛類とよぶ．陸棲小型貧毛類は土壌中に生息し，せいぜい体長2cm程度にしかならない，白色のヒメミミズを指す．水田や側溝の泥中に生息するイトミミズやオヨギミミズをまとめて水棲貧

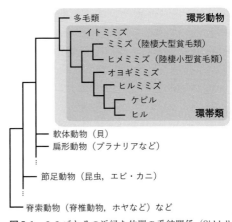

図5.1 ミミズとその近縁な仲間の系統関係（Siddall *et al.*, 2001 に基づく）
2.5.3項も参照.

毛類とよぶ．陸棲大型貧毛類は人為分類であり，系統関係については現時点では不安定であるが，陸棲大型貧毛類に最も近縁なものは陸棲小型貧毛類であり，これらと姉妹群を形成するものが，かつてヒル綱としてまとめられたヒルミミズ，ケビル，ヒルの3グループとオヨギミミズである（図5.1）．これらが分化する前に，イトミミズはすでに分化していたと考えられる．陸棲大型貧毛類のうち原始的な一部のグループにはオヨギミミズやヒル類と近縁なものがあるため，もう少し複雑な進化史を経ていることが今後の研究によって明らかになるかもしれない．

　これまでに出てきた分類群名を綱，目，科などのリンネ式分類体系に組み込んだとき，どの分類群をどの階級にすべきか，統一した見解は得られていない．また，アブラミミズ科やヒモミミズ科，ジュズイミミズ目など系統学的位置がきちんと明らかになっていない分類群も多い．さらに，それぞれのグループ内の系統関係についても研究が進められている．以後，本章では陸棲大型貧毛類を「ミミズ」とよび，紹介していきたい．

5.1.2　ミミズ（陸棲大型貧毛類）の分類と見分け方

　ミミズは世界で20科以上，5,000種以上が知られている．ただし，毎年50種ほどが新種記載され続けており，実際の種数は1万種程度と概算されている．このうち，地域によって優占する科は異なっており，東～南・東南アジア，オーストラリアと北米西岸ではフトミミズ科（Megascolecidae），ヨーロッパや北米東岸ではツリミミズ科（Lumbricidae），南米ではナンベイミミズ科（Glossoscolecidae）やムカシフトミミズ科（Acanthodrilidae）が優占している．

　日本には少なくとも8科160種以上のミミズが分布する．この大部分がフトミミズ科であり（約130種），残りの半分（14種）がツリミミズ科である（2.5.3項も参照）．ただし，大きな種内変異を認めて，多くをシノニム（同物異名）としてまとめる研究者もおり，その場合にはフトミミズ科は70種程度に減ってしまう．さらに，フトミミズ科の属を巡って大きな混乱がある．かつてフトミミズ属（*Pheretima*）とされたものは，現在では14属に分けられ，日本にはこのうち6属が生息するが，日本産フトミミズ科の種の大部分を占める4属は1属に統合すべしと考えられている．このため，種，属の両方を巡って大きな混乱があり，和名・学名が様々な組み合わせで存在することが，ミミズを研究する上で大きな

障害になっている．また，200 を超える未記載種が存在することが報告されているが，新種記載は遅れており，多様性の全貌は明らかではない．今後，ミミズの分類学的研究の発展が期待される．

　日本産のミミズの科の識別については，剛毛の配列や，環帯の形や位置，生殖器の配列がキーとなる．詳しくは中村（2015）を参照してほしい．

　ここでは，日本で最も種数の多いフトミミズ類の種の同定法について解説する．フトミミズ類の同定にも生殖器を用いるため，成体でなければ同定不能である．成体は環帯をもつが，幼体では未発達である．環帯がある先端が口（図5.2），逆の末端が肛門である．環帯は，口から数えて第 14〜16 体節の 3 体節を占める（図5.2）．環帯に雌性孔がある側が腹面，その逆が背面であり，一般的に背面の方が濃色である．ミミズの重要な形質は腹面に集中するため，腹面をよく観察する．

　ミミズの外部生殖器には雌性孔，雄性孔，受精嚢孔，性徴，外部表徴がある（図5.2）．雌性孔は，第 14 体節の腹面中央に 1 つ開口する．

　雄性孔は交尾相手に精子を渡す器官であり，第 18 体節（ごくまれに第 19 体節）にあり，突出状型と陥没状型の 2 タイプがある（図5.3）．これを属分類形質とみなして属を細分化することもある．

　受精嚢は交尾相手の精子を産卵まで貯蔵する器官であり，第 4〜9 体節の体節と体節の間の溝（体節間溝）に左右 1 対が開口する（受精嚢孔）（図5.4）．受精嚢孔の位置と対数は種によって異なる．

　受精嚢孔や雄性孔の周辺には，性徴とよばれる器官が存在する種が多い（図5.5）．性徴は体内の生殖腺の開口部であり，交尾相手が同種であるか識別するために化学物質を分泌すると考えられている．フトミミズ類の同定には，性徴が存在する体節や，体節内での位置，性徴の大きさなどが重視される．ただし，性徴の有無や存在位置，個数に個体変異が大きい種もあるため，慣れが必要である．また，体内器官を伴わない外部表徴も重要な

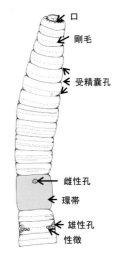

図 5.2　ミミズの外部形態（腹面）と各部の名称．口から第 19 体節までを示し，以下を省略した．

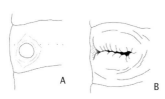

図 5.3　フトミミズ類の雄性孔の形態
A：突出状型，B：陥没状型.

図 5.4　ヒトツモンミミズの
受精嚢孔
左が背面，右が腹面中央.

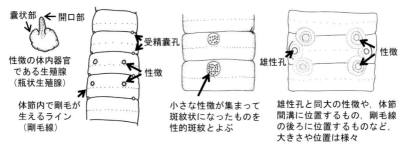

図 5.5　様々なタイプの性徴

形質の一つである．特に図 5.6 のような有彩色紋型や深溝型の外部表徴は，いくつかの種を識別するために重要な形質である．また，大きな性徴に見えるものの，生殖腺を伴わない吸盤状の外部表徴をもつ種もいる.

　内部形態のうち，種を見分けるために重要な器官が腸盲嚢である（図 5.7）.腸盲嚢はほとんどの日本産フトミミズ類で腸管の第 27 体節に開口し，腸管内に消化酵素を分泌すると考えられている．なお，腸盲嚢が第 22 体節に存在するフィリピンミミズや，腸盲嚢をもたない種もいるので注意が必要である．腸盲嚢の形態は 4 タイプに分けられる（図 5.7）.

　上記で解説した特徴の組み合わせにより，フトミミズ類の同定が可能になる.ただし，雄性孔や受精嚢の少なくとも一部を退化させた単為生殖と考えられている種があり，同定の際に注意が必要である．このため，複数個体を採集して個体変異をよく観察することが重要であり，ミミズを見分けるためには熟練が必要である．さらに詳しい情報が石塚・皆越（2014）やミミズの分類情報をまとめた web サイトにあるので参照してほしい（南谷，2014-2022）.

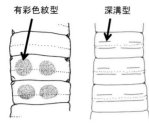

有彩色紋型　深溝型

図5.6　有彩色紋型（左）と深溝型（右）
　　　　の外部表徴

突起状型　鋸歯状型　指状型　多形状型

図5.7　フトミミズ類の腸盲嚢の形態

5.1.3　ミミズの生活

ミミズには3つの生活型が知られている．リター層に生息し，腐植や分解の進んだ落葉を食べる表層種は，春に孵化し，夏までに成熟し冬には死滅して卵で越冬する年一化の生活史を送る．そして，表層種の腸盲嚢は指状型である．これに対し，土壌中に生息し，有機物に富んだ鉱質土壌を食べる地中種や，土壌中に生息し，表層の落葉を土壌中に引き込んで食べる表層採食地中種は越年性であり，少なくとも後者の一部は，成熟までに数年を要すると考えられる．これら地中に生息する2タイプの腸盲嚢は突起状，鋸歯状型である．これらの生活型に対応して，土壌生態系に及ぼす影響は大きく異なっており，ミミズの群集や土壌生態系の研究を行う際に，採集されたミミズがどの生活型に属するのか，明らかにすることが大切である．　　　　　　　　　　　　　　　　　　　　〔南谷幸雄〕

主な参考文献

石塚小太郎・皆越ようせい，2014．ミミズ図鑑，全国農村教育協会．
中村好男，2015．ミミズ綱（貧毛綱）．日本産土壌動物（第二版）—分類のための図解検索—（青木淳一編著），pp. 1893-1902，東海大学出版会．
南谷幸雄，2014-2022．日本産ミミズ大図鑑．〈https://japanese-mimizu.jimdofree.com/〉

5.2　ミミズによる土壌構造と土壌炭素貯留への影響

5.2.1　ミミズが土壌構造に与える影響

大型土壌動物が土壌中で行動すると，土壌にみられる団粒や間隙などの構造に影響することが知られている（金子，2018）．ここで，土壌構造を，鉱物と有機物およびその間に存在する間隙の空間配置として定義する（Oades, 1993）．土壌構造

は，物理学的・化学的・生物学的過程の相互作用の結果として生じるが，本項では生物学的過程として特にミミズのつくり出す土壌構造に焦点を当てて説明する．

　ミミズは，温帯地域における土壌構造の形成に関わる主要な要因の一つであることが明らかにされている．ミミズの土壌構造への影響は，ミミズ自身の土壌中の移動，リターや土壌の摂食，消化管内での混合という過程を経て，最終的に坑道や糞を形成することから生じている（Lavelle *et al.*, 1997）．ミミズによって形成される土壌構造は，ミミズの体サイズ，生息場所（土壌表層，地下），食性，糞塊の形状（タワー状，球状）などの要因に影響を受ける（Lee, 1991）．野外で観察される土壌構造は，これに加えて環境要因（温度，降水量，地形，土壌型，土地利用など）の影響も考慮する必要があるだろう．足下を注意深く観察すると，ミミズの糞や土壌表層の巣穴などの生活痕を見つけることができる（図5.8）．

　農業や土壌を専門とする人に限らず，ミミズが土壌をよいものにしていると聞いたことがある人は多いだろう．ミミズの糞に由来する団粒は，周囲の土壌に比べて物理的安定性が高く，有機物に富んでいるという特徴がある．ミミズが生息する土壌は肥沃度が高いことが報告されており，ミミズと土地の生産性との関連が示唆されている（詳細は次項を参照）．

　ミミズが土壌構造に与える影響は，土壌団粒の量や質，間隙の直径サイズや分布などから評価できる．ミミズの糞は土壌団粒として土壌に蓄積していくので，ここではミミズが土壌構造に与える影響の一つとして，ミミズが1日にどのくらい団粒形成に関わっているのかを考えてみたい．ミミズが時間あたりに排糞する量（排糞速度）を近似的に団粒形成速度とする．1 m^{2}あたり表層から深さ5 cmに30 kgの土壌が存在し，そこにミミズが現存量で30 g（約3 gのミミズが10

図5.8　野外で観察されたミミズの巣穴（左），ミミズの糞（右）（写真提供：金田　哲）

個体程度）生息していたとする．ミミズ1gあたり1日に排泄する量は0.79gであり（Kawaguchi *et al.*, 2011），ミミズが90日間活動して排泄する量は2.1 kgになる．ミミズの糞に由来する団粒量は土壌の約14％に相当することから，ミミズが土壌構造に与える影響は無視できないだろう．こうしたミミズによる土壌構造への影響を精度よく評価するためには，ミミズの排糞速度に影響を与える地温や土壌水分といった土壌環境との関係を明らかにする必要があり（Kaneda *et al.*, 2016），今後，このようなモデルの発展はミミズによる団粒形成量の予測を可能とすると期待される．ミミズによる土壌構造への影響を把握することは，自然生態系における物質循環や有機物分解などの生態系機能の評価や，農業におけるそれらの生態系機能の活用につながる．したがって，ミミズによる団粒形成量の推定とともに，ミミズの影響を受けた土壌の物理性や化学性といった特徴を理解しておくことが重要となる．

5.2.2 ミミズの活動は土壌に炭素を貯める？

ミミズの糞は，物理的安定性が高いことや，有機物を多く含む団粒として存在していることで，土壌の物理性と化学性に大きな影響を与える．ミミズの餌資源は主にリターと土壌であり，食べられたリターと土壌はミミズの体内で粘液と十分に混合され，消化・吸収のプロセスを経て，糞として排出される．ミミズの消化管を通過するときにミミズの粘液や微生物由来の粘物質によって土壌粒子と有機物の結合が強められるため，糞団粒の物理的安定性はとても高く，排泄された直後からその大部分が直径2 mm以上の耐水性の構造体であり（Kawaguchi *et al.*, 2011），土壌団粒として土壌中に蓄積していく．ゆえに，ミミズの糞に由来する団粒（糞団粒とよぶ）中では土壌微生物やその酵素が有機物へ接近することが物理的に制御され，結果としてミミズの糞団粒の存在は，土壌炭素の貯留に正の効果をもたらすと考えられる．

また，ミミズの糞団粒中に保持される有機物には，ミミズの粘液に誘発された微生物プロセスも関わっている．ミミズの粘液は微生物活性を高めるため，糞団粒内でのリター由来の有機物の分解および微生物遺骸の蓄積を促進する．後者の増加は土壌有機物の安定化に寄与すると考えられる（Angst *et al.*, 2019）．このようにミミズの糞団粒は，物理性だけでなく含まれる有機物の質や量を通じて化学性にも影響するため，土壌環境を大きく変えうる．

　ミミズの摂食と排泄まではわずか数時間で生じるが，糞団粒が土壌に存在する時間は数週間から数カ月という長期にわたるため，ミミズ自身が寿命を迎えた後もミミズの活動によって生じた団粒は土壌環境に影響を与え続けることになる．したがって今後，農業分野でミミズが生態系に果たす機能を活用していくためには，様々な時間・空間スケールにおけるミミズが関与した土壌構造の物理性と化学性を理解することが重要である．さらに，団粒の物理性と化学性は相互に作用し，そこに微生物の働きも関与していることから，土壌構造の特徴を紐解くためには物理学的・化学的・生物学的側面からの包括的なアプローチが求められる．

5.2.3　土壌有機物と農地の土地生産性，気候変動の緩和

　ここで，土壌有機物は農地の土地生産性と気候変動の緩和とのどのように関わっているのか考えてみたい．土壌有機物は，土壌物理性の改善，植物への養分供給，pH緩衝作用などの様々な役割を担っていることから，農地において土地生産性を維持・向上させるための重要な鍵となる．農地では堆肥などの有機物を投入して土壌有機物量を維持・増加させることで，土地生産性の増強が試みられている．一方，土壌は陸域生態系で最も多量の炭素の貯蔵庫であり，土壌有機炭素量は大気の約2倍，森林などの植物バイオマスの約3倍に相当する．そのため，土壌有機物のわずかな分解でも大気中の二酸化炭素濃度を増加させることになり，気候変動を助長することが問題視されている．近年，4パーミルイニシアチブやグローバル・ソイル・パートナーシップなどの国際的な取り組みでは，土壌の生態系機能や土壌有機物の重要性が認識されている（FAO *et al.*, 2020）．土壌中に有機物を貯めることは，土壌有機物（炭素）の増加と大気中の二酸化炭素の削減につながり，土地生産性の維持・向上および気候変動の緩和の双方に貢献すると期待される．

　農地において土壌中に炭素を貯めるために，堆肥などの有機物投入量を増やすことや，土壌有機物の無機化の抑制や団粒形成が促進される不耕起栽培の導入といった土壌管理からのアプローチが推進されている．一方，農業現場でミミズの個体数，現存量を高めるためには，耕起回数を減らすことや，地温や土壌水分の変動を低減するための土壌表層を被覆する管理が効果的である．今後，農地管理とミミズの個体数，現存量やミミズの団粒形成の関係を理解することは，農地土壌に炭素を貯留させる管理技術の開発に役立つだろう．　　　　〔荒井見和〕

主な参考文献

FAO *et al.*, 2020. State of knowledge of soil biodiversity—Status, challenges, and potentialities. Report 2020. UN Food and Agriculture Organization.

Kaneda, S. *et al.*, 2016. Soil temperature and moisture-based estimation of rates of soil aggregate formation by the endogeic earthworm *Eisenia japonica*（Michaelsen, 1892）. *Biol. Fertil. Soils*, **52**, 789-797.

金子信博，2018．保全農業と土壌動物．実践土壌学シリーズ2 土壌生態学（金子信博編著），pp. 147-161，朝倉書店．

Kawaguchi, T. *et al.*, 2011. Mineral nitrogen dynamics in the casts of epigeic earthworms（*Metaphire hilgendorifi*: Megascolecidae）. *Soil Sci. Plant Nutr.*, **57**, 387-395.

Lavelle P. *et al.*, 1997. Soil function in a changing world: The role of invertebrate ecosystem engineers. *Eur. J. Soil Sci.*, **33**, 159-193.

5.3 土壌動物を農業に応用する試み

　土壌動物は作物生育に有用ないろいろな機能をもっている．しかし，日本においてはそれを現代農業に活かす技術にまでは至っていない．その理由として，まず現在の農業生産では，生産性，安定性，品質，外見などが優先的に求められているため，機械や化学合成物質を使い，病害虫を防ぎ，作物生育を促進し生産性などを向上させていることがあげられる．それに対して，動物は自らが生きるために活動しているのであり，人間の都合に合わせて活動していないため，農業生産のために動物をコントロールすることは容易ではないだろう．また，これまでの農業では作物生産にとって問題となる動物，つまり害虫の被害をどのようにして軽減するか，害虫をどのように駆除するかが研究の中心テーマとなり，養分循環の促進や土壌形成を行う益虫にあまり関心が向けられてこなかった．かわりに養分循環や土壌形成は，機械と化学合成物質で改善を行ってきた．しかし，近年では「環境にやさしい」や「環境への配慮」などがキーワードとなり，害虫に選択的に効く農薬の開発や土着天敵を活用する技術開発が進められている．そうした土着生物を活用する作付体系では，土壌動物による養分循環の機能や土壌形成の働きを活かせる場面が多く存在すると考えられる．

　土壌動物の中でミミズが農業に有用なことはよく知られており，ミミズがいる土はよい土といわれることもある．そこで，最初に本節ではミミズの農業利用について紹介したい．ついで，ミミズ以外で農業利用の活用が期待されているトビムシという菌食性の動物を紹介する．この動物は体長1〜2mm程度と小さいも

のの土壌には多数生息している．トビムシには餌の選択性があり，有機物を分解する菌よりも病原菌を好んで摂食することが報告されていることから，病気抑制に期待が寄せられている．

5.3.1　野外での活用

　ミミズの役割で最もわかりやすいのが，生産性への寄与になる．これまでにミミズが作物生産に及ぼす影響に関して行われた研究が Lee（1985）や Edwards and Bohlen（1996）などでまとめられており，ミミズが作物生産を高めることが示されている．さらに van Groenigen *et al.*（2014）は過去に行われた研究を解析し，ミミズが影響することで平均25％収量を増加させることを定量的に示した．このミミズの効果は，有機物残渣施用，ミミズの生息密度，施肥量などにより変化し，有機物残渣の還元量が増えるとミミズの効果が増え，化学肥料，有機肥料問わず窒素施肥量が多くなるとミミズの効果はなくなった．つまり，肥料を多投入する圃場ではミミズによる短期的な収量増加の効果は期待できず，むしろ有機物資材を投入する有機栽培で効果が期待できるのである．ミミズの機能を活用するにはミミズの生息密度を高める必要がある．ミミズの生息密度が低い場合には，圃場や圃場周辺に生息しているミミズを増やし，ミミズが圃場内や周辺に定着していない場所ではミミズを導入することになる．ミミズがどのような環境を好むかは次節で紹介することにし，ここではミミズを投入したニュージーランドの例について紹介する．

　ニュージーランドの牧草地には，土着ミミズが生息していたが，生きた根，死んだ根や地下茎が厚い層をなすルートマットが数 cm 形成していた．ルートマットはイネ科牧草に特徴的で分解されにくく養分循環が滞っていた．そこへ土壌生息種の *Aporrectodea caliginosa* や *A. longa* を投入することで，これら2種のミミズがルートマットを摂食・分解し，養分循環が促進され，牧草の生産性が高まることが示されている．また，牧草地ではミミズ導入の経済的効果は300％以上と予測され，ミミズがいることの経済効果が試算された希有な例となっている（Butt, 2011）．何らかの要因でミミズが定着できていない，または養分循環や土壌構造改変に効果をもたらすミミズが定着できていないような農地にも，上記のような方法を用いてミミズを定着させることにより作物の生育を改善できるものと考えられる．日本においてもミミズの効果はあると考えられるが，ミミズが活

躍する条件や活躍する種，そして実際に得られる効果などは十分に明らかになっておらず，今後の課題である.

5.3.2 ミミズ堆肥の活用

ミミズを用いてつくった堆肥（コンポスト）は，作物の生育を促進することがよく知られている．それは単なる肥料としての効果だけではなく，例えばキュウリ，大根，イチゴ，ブドウの病気を抑えること，植物寄生性線虫の個体数を抑えること，ハダニ，コナカイガラムシ，アブラムシを減らしその食害も減らすこと，植物成長ホルモンが含まれることなど様々な効果が報告されている（Tajbakhsh *et al.*, 2011）．ただし，こういった効果はコンポストの材料によっても異なってくるため，材料と効果の関係が明らかになればミミズ堆肥はより普及するだろう.

5.3.3 水田の中のイトミミズ—イトミミズが抑草する！！—

水生のイトミミズは，陸生ミミズよりも小型であるものの大きな秘めた力をもっている．Kikuchi *et al.* (1975) は，この小さなイトミミズが多く生息する水田では雑草の発生量が少ないことを見出した．そして，室内実験などからイトミミズが雑草の出現率を低下させる直接的な要因であることが解明された（栗原，1983）．そのメカニズムは種子の下層への移動と表層の撹乱が関係していると考えられている．Kikuchi and Kurihara (1977) は，イトミミズが図5.9のように口に入る小さな粒子を摂食し，底泥表層に糞を堆積させ，口に入らない種子も含む大きい粒子を下層へ移動させることをポット実験により明らかにした．また，

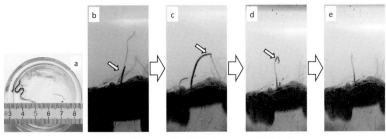

図5.9　イトミミズとイトミミズが排糞する様子
a は底泥から抽出したイトミミズ．左から順に，腸管の糞が尾の方に移動していき，糞が排泄されていく様子．淡色のひものようなものがイトミミズ．イトミミズの中を濃い色の土（白矢印）が水面に動いていき，排泄されていく (c, d).

伊藤ら（2011）は，イトミミズの一種であるエラミミズがコナギ，イヌホタル，タイヌビエの種子を土壌2〜4 cmに埋めることを報告した．水田に発生する広葉の一年草にとって，種子が下層に移動することは切実で，7 mm以下の深度になると発芽する個体が激減する（小荒井，2004）．さらに，イトミミズは種を深く埋めるだけでなく，土壌攪拌により幼植物の定着を妨害することも実験で確かめられている．タマガヤツリという植物の実生を用いた実験から，5 mmまでの草丈なら，イトミミズにより実生の定着が妨害された（栗原，1983）．

このイトミミズの抑草効果に着目した技術開発が進められている．その中で鳥取県農業試験場では，通常よりも早い3月に水田を湛水状態にし，植え付け時の生息密度を高める方法を調べている．イトミミズの生息密度をうまく高めることができれば，図5.10のように雑草をかなり綺麗に抑草することができる．しかし，まだイトミミズの生態が十分には明らかになっておらず，日本全国レベルで安定的にイトミミズの生息密度を高く維持する技術開発までには至っていない．現代では水田除草は通常農薬散布で行っている．しかし，農薬連用などにより農薬に抵抗性をもった雑草が確認され，時に繁茂するなど問題となっている．新たな農薬を開発しても，今後も農薬一辺倒で除草を行えば，新たな薬剤抵抗性雑草の発生が懸念されることから，イトミミズによる雑草を防除する技術が開発できれば，全く新しい雑草防除技術になり，より持続可能な農業になる．

抑草効果以外には，イトミミズが養分循環を促進する機能があることが明らかになっているほか，メタン発生を抑制する可能性も報告されている．イトミミズ

図5.10　抑草効果の比較（鳥取県農業試験場提供）
左：イトミミズが多い（早期湛水，3月3日入水），右：イトミミズが少ない（慣行湛水，5月29日入水）．鳥取県では通常入水は5月下旬に行う．3月初旬に入水することで植え付け時のイトミミズの生息密度が高まる．

は有機物を摂食，同化し成長しているので，それに伴い有機物分解が起きる．栗原・菊地（1983）はイトミミズがいることで，土壌や田面水中のアンモニア態窒素濃度が増加することを紹介している．また，Mitra and Kaneko（2017）は，エラミミズ（*Branchiura sowerbyi*）が存在することでメタン酸化菌が増加し，メタン生成が低下することをポット実験により示した．水田は温室効果ガスの一つであるメタンの発生源であるため，もしイトミミズの活動でメタン発生を減少させることができるなら，温暖化緩和の観点からもイトミミズは貢献することになるだろう．

Column 4　**水中に生息する大型のミミズ**

　水中に生息しているミミズというと，イトミミズ科の種をイメージされる方が多いかと思われる．しかし，フトミミズ科やツリミミズ科などのいわゆる大型の陸生ミミズと同じぐらいの大きさで，水中で生活を送っているミミズが北米には生息している（Reynolds, 2008; Reynolds and Wetzel, 2008）（第 2 章参照）．このミミズは，Sparganophilidae 科 *Sparganophilus* 属に属し，主に河川の水中の泥やリターの中に生息しているが，その周辺の陸地のリターや土の中には全く生息していない．外見は，フトミミズ科やツリミミズ科などのいわゆる普通にみられる大型の陸生ミミズに似ており，成体になると環帯が出現する（図 1）．しかし，大型の陸生ミミズと比べると体形は比較的細長く，また体表面がつるつるしていて光沢があるのが特徴である．このミミズが生息する場所には，大量の特徴的な糞塊が泥やリターの上にみられる（図 2）．ヨーロッパでも生息が確認されているが，これらは北米から侵入した外来種だということが遺伝子解析などから指摘されている（Rota *et al.*, 2014, 2016）．*Sparganophilus* 属の種はこれまでに 13 種が知られているが（Reynolds, 2008; Reynolds and Wetzel, 2008），これ以外にも種名のついていない未記載種が多く存在することが指摘されており (Ikeda *et al.*, 2020)，今後のさらなる研究で，*Sparganophilus* 属の種の整理が進むことが期待される．　　　　　　　　　　　　　　　　　　　　　　〔池田紘士〕

引 用 文 献

Ikeda, H. *et al.*, 2020. A comparison of latitudinal species diversity patterns between riverine and terrestrial earthworms from the North American temperate zone. *Journal of Biogeography*, **47**, 1373-1382.

Reynolds, J. W., 2008. Sparganophilidae（Annelida, Oligochaeta）distribution in North

America and elsewhere, revisited. *Megadrilogica*, **12**, 125-143.

Reynolds, J. W. and Wetzel, M. J., 2008. Terrestrial Oligochaeta (Annelida: Clitellata) in North America, including Mexico, Puerto Rico, Hawaii, and Bermuda. *Megadrilogica*, **12**, 157-210.

Rota, E. *et al.*, 2014. First time in Italy. Is the elusive aquatic megadrile *Sparganophilus* Benham 1892 (Annelida, Clitellata) accelerating its dispersal in Europe? *Journal of Limnology*, **73**, 482-489.

Rota, E. *et al.*, 2016. Mitochondrial evidence supports a Nearctic origin for the spreading limicolous earthworm *Sparganophilus tamesis* Benham, 1892 (Clitellata, Sparganophilidae). *Contributions to Zoology*, **85**, 113-119.

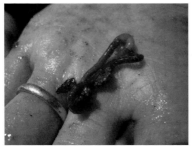

図1　*Sparganophilus* 属のミミズの成体　　図2　*Sparganophilus* 属のミミズの糞塊

5.3.4　トビムシの活用

　土壌には様々な微生物が生息しており，中には植物に病気をもたらす病原性糸状菌がいる．このほか，土には植物に感染するものの栄養塩や光合成産物をやりとりすることで植物とともに生きる共生性糸状菌，有機物を分解し生きる腐生性糸状菌がいる．多くのトビムシは糸状菌を摂食するが，餌選択実験により，病原性糸状菌を最も好む傾向にあることが判明した（Curl and Lartey, 1996; Klironomos *et al.*, 1999）．中村ら（1991）はこのことに着目し，寄生性糸状菌を摂食する種の選定を行い，寄生性糸状菌の抑制効果を検討した結果，ポット実験であるが，ヒダカフォルソムトビムシ（*Folsomia hidakana*）がアズキ白紋羽病やダイコン萎黄病を抑制しうることを示した（白石ほか，1993；白石・中村，1994）．圃場でトビムシの密度を維持し病気を抑制する試みは海外で行われているが，中村・白石のグループでは圃場での活用はまだ難しいと考え，苗床での抑制に着目した結果，ヒダカフォルソムトビムシが苗立ち枯れ病を抑制することを解明した．苗の育苗条件をこのトビムシに好適な温度，土壌水分で行い，育苗箱

（28 × 58 cm）あたり約１万個体投入すれば抑制効果があることが示されている
（白石ほか，2005）．この研究で用いたトビムシは当初ヒダカフォルソムトビムシと
同定されていたが，6〜7年経過した時点でオオフォルソムトビムシ（*F. candida*）
と形態的な違いが判然としなかった．今後，両種の関係を再検討する中で供試し
たトビムシの分類上の帰属を決定する必要がある．中村・白石のグループの多く
の研究成果により，育苗箱でのトビムシ利用の技術がほぼ確立したといえる．し
かし，苗立ち枯れ病抑制効果を期待するには，高いトビムシ密度が必要とされる
（白石ほか，2005）．これらの研究で用いられたトビムシは増殖速度が速いものの，
商業ベースで苗立ち枯れ病を抑制する場合，大量のトビムシを低コストで増殖・
維持管理する技術開発も必要となる．効果に対し，費用がどれくらい抑えられる
かもトビムシを商業ベースで利用する点で重要となる．したがって，現時点で商
業ベースではすぐに利用できないものの，一連の研究はトビムシが病原菌を摂食
することで病気抑制効果があることを示しており，圃場でのトビムシの利用にも
期待したい．　　　　　　　　　　　　　　　　　　　　　　　〔金田　哲〕

主な参考文献

Edwards, C. A. and Bohlen, P. J., 1996. *Biology and Ecology of Earthworms* (3rd ed.),
　Chapman and Hall.
van Groenigen, J. W. *et al.*, 2014. Earthworms increase plant production: a meta-analysis. *Sci.
　Rep.*, 4, 6365.
栗原　康，1983．イトミミズと雑草—水田生態系解析への試み（1）—．化学と生物，21，243-
　249．
白石啓義ほか，2005．育苗箱へのトビムシ導入によるアブラナ科野菜の苗立枯れ症抑制．東北
　農業研究センター研究報告，103，53-61．
Tajbakhsh, J. *et al.*, 2011. Vermicompost as a biological soil amendment. In *Biology of
　Earthworms* (Soil Biology) (Karaca, A. ed.), pp. 215-228, Springer.

5.4　人為活動や環境とミミズの関係—活用に向けて—

　これまで土壌動物を農業活動に利用する試みについて事例をあげてきた．動物
を活用するには，活用する動物が圃場に定着する必要がある．一方農地では，直
接的にしろ間接的にしろ，動物に影響を及ぼす薬剤散布，施肥，耕起といった人
為活動があるため，これらの作業が動物にどのような影響を与えるかを把握する

ことが重要となる．農地には様々な動物がいるが，ここではミミズに焦点を当て，人為活動やその活動によって影響を受けた環境の変化がミミズに与える影響について紹介する．

　一般的にミミズは耕起に弱く，有機物施用を行うことで増えることが知られている．Hendrix and Edwards（2004）は，農業活動がミミズに悪影響を及ぼす作業として，耕起，単一栽培，毒性物質の散布，酸性化，植物残渣の持ち出しとし，逆に正の影響として不耕起，輪作，ミミズの投入，石灰散布，有機物施用としている．

5.4.1　耕　　　起

　耕起という人為活動は生息環境を大きく変えるため，ミミズにとってかなり強い負の効果をもたらす．地域や栽培作物で耕起回数や機械が異なるため，Briones and Schmid（2017）は，一般的に行われたり集約的であったりする耕起方法に対し，回数や攪乱強度を減らした耕起方法では，ミミズの生息密度は土壌や気候に関わらず増加することを明らかにした．Wardle（1995）が耕起などの土壌攪乱が様々な土壌生物に及ぼす影響をまとめた結果，体サイズが大きくなるにつれて攪乱の負の影響が強くなることを示している．欧米では耕起がミミズに及ぼす影響はよく調べられているが，日本においてはあまり多くない．また，ミミズは外見の形態的特徴が乏しいため種名まで調べることが難しく，個体数のみ調べている研究が多くを占めている．多くの研究では耕起処理により生息密度がほぼゼロになる結果が多いが，中には年に数回の耕起でも 1 m^2 あたり数千個体生息している結果もある．この研究では種名が調べられていないが，おそらくフクロナシツリミミズ（*Bimastos parvus*）のような表層に生息する小さい種がいたと思われる．

5.4.2　重金属の影響

　重金属濃度が高いとミミズの生息密度が低下することを Paoletti（1999）が示している．Naveed *et al.*（2014）はデンマークの木材加工場跡地の銅の濃度変化に注目し，植物多様性，ミミズの生息密度，線虫，微生物の変化と土壌の機能の変化を同時に調査し，生物多様性と生態系機能の関連付けを試みた．この調査地では銅の使用停止から 100 年近く経過しており，生物に取り込まれると考えられている CaCl$_2$ 抽出の銅は全銅の 2％程度であった．銅の濃度が高くなると植物多

様性，線虫，微生物活性，土壌物理性などすべてのパラメーターが悪化した．全銅 466 ppm（CaCl$_2$ 抽出での銅濃度 5.27 ppm）で生息密度が低下し，特に土壌生息種や表層採食地中種の密度が低下した．銅の汚染濃度が高くなるとともに植物や土壌生物多様性が低下し，物理性が悪化することが示されている．果樹園では病害を抑えるために銅を含むボルドー液がよく使われてきた．ヨーロッパでは銅濃度のマップが現地調査と統計解析から作成され，湿潤な地域で高くなる結果が得られており，この要因として，湿潤地域で病害が発生しやすく，それを抑制する目的で殺菌剤としての銅剤を多用しているためと考えられている（Ballabio *et al.*, 2018）．日本は基本的にヨーロッパよりも湿潤のため，病害が発生しやすく，過去においてボルドー液がよく使われてきた．それによりかなりの銅濃度になっているところもある．望月ら（1975）は農薬散布によって重金属類が蓄積したリンゴ園と，農薬散布を行っていなかったと考えられるリンゴ園に隣接した場所を対照地として，土壌に含有する金属量と土壌動物の調査を行った．その結果，表層土壌 0〜15 cm で銅，鉛，ヒ素の 3 種の金属とも，対照地よりリンゴ園で重金属が蓄積していることが明らかになった．そして，ミミズは対照地では生息していたが，重金属が蓄積しているリンゴ園では生息していなかった．この研究はリンゴ園と対照地での調査のため，必ずしも重金属の蓄積だけでミミズの生息密度が異なったとは言い切れないが，重金属が高濃度のためにミミズが定着できていない可能性がある．重金属は有機物と異なり分解されてなくなることはなく安定して土壌に蓄積していることが多い．銅は時間とともに安定化し，生物が取り込みにくい形態になるが，濃度の高い場所では，重金属を含む農薬をさらに投与することは控えた方がよいだろう．

5.4.3　薬剤散布，有機物施用，酸性土壌の影響

　農薬がミミズに及ぼす影響はこれまでに多くの研究が行われてきた．農薬を一般的に使用する栽培と無農薬または使用低減栽培を比較した試験をメタ解析したところ，穀物系の畑では農薬が使用された土地ではミミズの生息密度が低下したが，草地や他の畑で負の効果は認められなかった（Pelosi *et al.*, 2014）．殺虫剤，殺菌剤の中にはミミズの生存や繁殖に影響を及ぼす薬剤はあるが，薬剤により影響が異なる．土壌燻蒸剤は，土壌を部分的または完全に殺菌するためミミズに強い負の影響を及ぼす（Lee, 1985）．除草剤がミミズに負の影響を及ぼす研究例も

あるが，直接的な負の効果は低いと考えられる（Lee, 1985）．

　有機物はミミズの餌になるだけでなく，好適な生息環境も形成する．夏季の日照り続きはミミズにとって非常に厳しい環境であり，その影響であろうか，ミミズが梅雨明けに道端で死んでいる光景を見たことがあるだろう．ミミズの致死温度は，25～40℃と幅広い値が示されている（Lee, 1985）．林冠が閉じた森林では土壌表層が40℃を超えることは少ないが，上部にさえぎる物がなく直接日光が地表面に到達するような畑地では40℃を超えることはある．さすがに40℃を超える場所では多少有機物があっても生息には厳しい状況だが，果樹園などで栽培作物による遮蔽がある圃場では，有機物があることで高温乾燥が軽減され厳しい生息環境が緩和されるだろう．

　日本は蒸散量よりも降水量が多いため，基本的に土壌は酸性化していく．農地の場合，肥料を施用するため酸性化がさらに進む．作物の生育に必要な無機態窒素やカリウムが硫酸アンモニウムや塩化カリウムなどの化合物で施用されるが，植物にアンモニウムやカリウムが吸収されたり，微生物によりアンモニアが硝酸化成されたりすることで塩酸，硝酸，硫酸が生成される（久馬，1984）．これを中和するために石灰を散布するが，作物の生育に効く化学肥料ばかりを施用していると農地がどんどん酸性化していく．作物の中には酸性を好むものもあるが，通常弱酸性から中性でよく生育するものが多く，土壌を適正な範囲にすることが重要である．多くのミミズは，弱酸性から中性土壌を好む（Lee, 1985）ので作物の生育に適するようにpHを調整すると多くの場合ミミズにも生息しやすい環境になり，ミミズの効果も期待できるだろう．　　　　　　　　　〔金田　哲〕

主な参考文献

Briones, M. J. I. and Schmid, O., 2017. Conventional tillage decreases the abundance and biomass of earthworms and alters their community structure in a global meta-analysis. *Glob. Change Biol.*, **23**, 4396-4419.

Lee, K. E., 1985. *Earthworms their Ecology and Relationships with Soils and Land Use*, Academic Press.

望月武雄ほか，1975. 農薬の散布によって重金属類の蓄積したリンゴ園土壌の動物生態学的研究（第1報）：青森県津軽地方のリンゴ園土壌中の銅，鉛，ヒ素含量と大形土壌動物相について．日本土壌肥料学雑誌，**46**，45-50.

中村好男，1998. ミミズと土と有機農業─「地球の虫」のはたらき─，創森社.

Naveed, M. *et al.*, 2014. Simultaneous loss of soil biodiversity and functions along a copper contamination gradient: When soil goes to sleep. *Soil Sci. Soc. Am. J.*, **78**, 1239-1250.

第6章
ヤスデの暮らし方

　ヤスデ綱は節足動物門の多足亜門に区分される．世界で約1万2,000種，日本では約300種が既知である．ヤスデ綱に属する種の移動，分散能力は低いため，日本に生息するヤスデ綱全体の9割は日本固有の種であり，さらに国内においても特定の地域や離島にのみ生息する種が多い．地球全体では寒帯や温帯よりも亜熱帯と熱帯において種数，個体数ともに多いことが知られている．化石の記録から同規的体節を複数もち，ヤスデ綱に属する一つの亜綱として認められたアースロプレウラ群は，およそ3億年前の古生代石炭紀後期に繁栄した絶滅動物であり，5種が知られ，小型の種で体長40 cmほど，大型の種 *Arthropleura armata* は，頭部形態の復元が不明瞭な部分もあるが体長2 m，体幅45 cmと推定されている．2018年にイギリス北部において発見された同じアースロプレウラ属の化石は，体幅55 cm，化石断片として体長の一部が約75 cmに達し，全長2.63 m，体重50 kgに及ぶと推定され（Neil *et al.*, 印刷中），歴史上最大の無脊椎動物のウミサソリに匹敵する．

　ヤスデ類は林床に堆積した枝や葉の下，樹皮の内側，樹幹の空洞，倒木の下，洞穴など湿度が高い場所を好む．フサヤスデ亜綱以外のほとんどの種は，乾燥に対する耐性が低いと考えられており，強い光を嫌うことから夕方から早朝，特に夜間に地表を歩き，昼間に徘徊する姿を見ることはまれである．樹上性の種は，昼間にも樹上において移動するが，夜間には，さらに活発に移動することがしばしば観察される．湿度条件が一定の飼育環境下においても夜間に歩き回る．植物遺体，菌類を餌とし，植物から脱落した後に一定期間を経て腐朽した葉や果実，腐朽が進んだ倒木や葉に菌糸を伸ばして生育する菌類を摂食する．樹皮や倒木上のコケ類も餌とし，多様な資源を利用する．まれに肉食が報告されている．日本

固有のタテウネホラヤスデ属は肉食であると考えられ（高桑，1954），他の属においてもカタツムリやカエルの死骸などを餌とする肉食のヤスデが知られている．一方，自身の被食防御のためにベンズアルデヒドなどのシアン化物を生成する分泌腺をもつことから捕食される機会は少ない．しかし，鳥類（ルリビタキ，アカゲラ），哺乳類（アズミトガリネズミ），両生類（ヒキガエル）に捕食される事例が知られている．したがって，これらの捕食者は防御物質の影響を受けにくいと考えられる．

　脱皮動物に属するヤスデは，脱皮という成長プロセスをもたないミミズなどの螺旋卵割動物とは系統発生において大きく異なる．土壌生態系における働きは落ちた葉や倒木の形状を小さな破片に変容させる動物として評価されてきた．このことから，ミミズのように土壌の構造を改変する機能が注目されることは少なかった．しかし，ヤスデも土に潜り，土を食べる．土を食べた後の排出物を卵や脱皮個体の保護のために利用することが複数の種において知られている．排出物を介して土の構造を変化させるという点ではミミズの働きと似ているかもしれない．いくつかの分類グループにおいてヤスデがミミズと同様に土壌構造の安定性や養分の保持機能を変化させることが明らかになりつつある．

　本章では，生活史のほとんどの時間を土の中で過ごすヤスデの暮らし方と成長の過程にスポットを当て，①成長に伴う形態，歩脚数の変化，②産卵のタイプと育児，③同調して成長するヤスデ，④脱皮のための部屋について概説する．①，②では，同じ多足亜門のムカデ綱についても簡単に紹介する．

6.1　歩脚（歩肢）はどこまで増えるのか

6.1.1　日本に生息する多足亜門（成体）の歩脚数

　多足亜門は，ヤスデ綱（Diplopoda，倍脚綱）の他にムカデ綱（Chilopoda，唇脚綱），コムカデ綱（Symphyla，結合綱），エダヒゲムシ綱（Pauropoda，少脚綱）が属する．ヤスデ綱，ムカデ綱，コムカデ綱，エダヒゲムシ綱は，共通して歩肢は9対以上であり（表6.1），7対の歩肢をもつワラジムシ目よりも多く，「多足」と総称される．体の構造は頭部と胴部に大きく区分される．頭部に続いて，同規的に胴体節が連なり，胴体節には歩くための脚（歩肢）をもつ（歩肢をもたない胴体節もある）．体節と歩肢の数は以下のような特徴がある．エダヒゲムシ綱の

表 6.1　日本産の多足亜門における変態様式，成体の歩肢対数および胴体節数，産卵後の行動

綱	目	変態様式	成体の歩肢対数	成体の胴体節数	抱卵・育児
ムカデ綱	ゲジ目	半増節	15	19	×
	イシムカデ目	半増節	15	19	×
	オオムカデ目	整形	21, 23 アカムカデ属は 23	25, 27 アカムカデ属は 27	○
	ジムカデ目	整形	31〜177	35〜181	○
ヤスデ綱	フサヤスデ目	半増節	13	11	×
	タマヤスデ目	半増節	19（雄），17（雌） または 23（雄），21（雌）	13〜15	×
	ツムギヤスデ目	完増節	39, 43, 47, 51（雄） 41, 45, 49, 53（雌）	26, 28, 30, 32 30 が多い	×
	ジヤスデ目	真増節	47〜107（雄） 49〜109（雌）	30〜60	×
	ギボウシヤスデ目	真増節	107〜147（雄） 109〜149（雌）	60〜80	×
	ヒラタヤスデ目	真増節	65〜167（雄） 67〜169（雌）	39〜90	○
	オビヤスデ目	完増節	30（雄） 31（雌）	20 （まれに 19 または 18）	△
	ヒメヤスデ目	真増節	47〜117（雄） 49〜119（雌）	30〜65	×
	フトマルヤスデ目	半増節	49〜109（雄） 51〜111（雌）	30〜60	×
	ヒキツリヤスデ目	真増節 または半増節	79〜109（雄） 81〜111（雌）	45〜60	×
コムカデ綱	コムカデ目	半増節	12（10〜11）	14	不明
エダヒゲムシ綱	エダヒゲムシ目	半増節	9（まれに 10〜11）	11〜12	不明

種の成体では歩肢は 9 対（まれに 10〜11 対），第 1 胴節と最後の胴節以外の各胴
節に 1 対の歩肢をもつ．コムカデ綱の種は 1 齢幼虫が 6〜7 対の歩肢をもち，成
体では 10〜12 対歩肢をもつ．このような歩肢数と胴体節の違いによる区別は，
同定の最初のアプローチとなる．

6.1.2　様々な変態の様式

　幼体から成体に成長する過程における変態様式は大きく 2 つに区分される．ム
カデ綱オオムカデ目，ジムカデ目では孵化直後の幼体は，すでに成体と同じ数の
歩肢をもち，脱皮を繰り返して体サイズが大きくなっていく．それ以外の多足亜
門の分類群では歩肢数と胴体節数が脱皮によって増加し，孵化直後の幼体の歩肢

数は成体よりも少ない（表6.1）．このような変態様式の前者を（1）整形変態，後者を（2）増節変態とよぶ．増節変態は，さらに以下の3つの様式，(i) 真増節変態，(ii) 完増節変態，(iii) 半増節変態に区分される．

　オオムカデ目オオムカデ科のトビズムカデ，アオズムカデは幼体も歩肢対数は21対と成体と同じであり（整形変態），地表に生息する．寒い地域では繁殖ができないため北海道の生息数は少なく，特に本州南西部や沖縄に多い．沖縄本島北部，久米島，西表島，石垣島などに生息するオオムカデ科の大型種として知られるリュウジンオオムカデは2021年4月に新種として記載された．トビズムカデ，アオズムカデ，リュウジンオオムカデは，森林内の樹幹上においても生活する．ヤスデ綱では春頃にヤケヤスデ科のモリヤスデ，アカヤスデ，ヤケヤスデ，ヒメヤスデ科のフジヤスデ属の種など樹上性の種を地上から150 cm程度の高さ，または，それよりも低い樹幹や低木において，見かけることが多い．

　ヤスデ綱ヒラタヤスデ目，ギボウシヤスデ目，ジヤスデ目などのグループは，成体となった後にも，さらに脱皮を繰り返して歩肢と胴節が増えていく，(i) 真増節変態という変態様式をもつ（表6.1）．真増節変態のジヤスデ目に属する種，*Eumillipes persephone* は最も多くの脚をもつ動物として1,306本の歩肢をもつ雌個体がオーストラリア西部において地下60 mから発見された（Marek *et al.*, 2021）．ギボウシヤスデ目に属する *Illacme plenipes* の雌は750本の歩肢をもつことが確認されている．上記3目のほかに，日本産ではヒメヤスデ目（胴節数30〜65）は真増節変態である．一方，オビヤスデ目，ツムギヤスデ目は，脱皮時には胴節と歩肢が常に増加するが，成体となった後は脱皮しないため，(ii) 完増節変態という．タマヤスデ目，フサヤスデ目の変態様式は，歩肢と胴節が増加する複数回の脱皮の後，胴節と歩肢の数は変化しない整形変態の脱皮が続くため，(iii) 半増節変態とよばれている．胴節数と歩肢数の増加は幼体の成長段階の途中（半ば）までの場合のほか，成体まで歩肢と胴節が増加した後，整形変態の脱皮を繰り返す場合がある．

　フサヤスデ目フサヤスデ科のハイイロチビフサヤスデやウスアカフサヤスデを背面側から観察し

図6.1　ウスアカフサヤスデの腹面

た場合，キチン質のフサ状の毛に隠れて脚は目立たないので，歩肢数，発育段階が把握しにくい．そのため，胴節数および歩肢数は腹面側から観察する必要がある（図6.1）．

6.1.3 ヤスデの発育に伴う変化

ヤスデは卵で産み出される．孵化前の卵の中で細胞分裂によって最初に頭と尾部に分節し，次に頭と胸の分節が生じ，最後に腹部が分節される．第4体節の肢は，発生の過程で大顎となり，第5体節は小顎となり，この第5体節までが頭部，第6体節以降は胴部となる．ムカデ綱，コムカデ綱では2対の小顎（第1小顎と第2小顎）をもつが，ヤスデ綱では第2小顎を欠く．頭部腹面には1対の大顎と顎唇から構成される口器をもつ．ヤスデ綱の第1小顎と第1小顎の体節の腹板が融合した顎唇は分類グループによって形態が異なる（図6.2）．

フサヤスデ目フサヤスデ科の種やタマヤスデ目では頭部に2個〜数十個の単眼から構成される集眼を有する．タマヤスデ目，ヒメヤスデ目，ツムギヤスデ目（ツムギヤスデ目は眼が多い，または眼を欠く）の一部の種では脱皮のたびに単眼の数が増えていく．しかしながら，多足亜門の半数ほどの種は眼を欠く．例えば，ヤスデ綱のヒラタヤスデ目とギボウシヤスデ目，ムカデ綱のジムカデ目とオオムカデ目メナシムカデ科，エダヒゲムシ綱は眼を欠く．

孵化前の第6体節は孵化後の第1胴体節（胴体節の最初の体節）であり，肢をもたず，頸節とよばれる．孵化前の第7〜9体節は胸部，第2〜4胴体節（狭義には胸部）となり，それぞれの節に1対，第1〜3歩肢をもつ．ヤスデの「倍脚」は第5胴体節以降の各胴体節に2対，4本の歩肢をもつことが由来である．この第5胴体節以降は胴部の中で狭義には腹部に区分され，2つの体節が融合して1つの体節として形成される．各体節に2対の歩肢を有すると同時に，腹板の歩肢基節の前方に2対の気門をもち，腹神経索において2対の神経節をもつことから2つの体節が重なった重体節であることがわかる．このような腹部の重体節は，ヤスデ綱独自の特徴である．卵から孵化し，脱皮した最初の幼体（1齢幼虫）は第2〜4胴体節に各1対の歩肢をもち，歩肢の数が6本（3対）である．胸部の前胸，中胸，後胸から1対ずつ6本の脚をもつ昆虫はヤスデの幼形成熟という説がある．例外として，ヒラタヤスデ目の孵化後の1齢幼虫は8本（4対），第2〜5胴節に各1対ずつの歩肢をもつ（図6.3）．

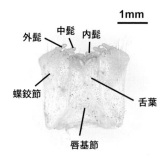

図 6.2　アマビコヤスデ属の一種の顎唇
顎唇中央の底辺に三角形の唇基節を 1 片もつ.
ヒメヤスデ目では唇基節は 2 片に分かれる. 唇
基節の前方に位置する舌葉は左右 2 片あり, 表
面に長毛をもつ. 舌葉の前縁には内髭がある.
舌葉の外側に蝶鋏節があり, 前方にそれぞれ顎
髭（外髭, 中髭）をもつ. 顎髭は内側に傾く.

図 6.3　孵化直後のヤマシナヒラタヤスデ幼体
（歩肢 4 対）と卵塊

　ヤスデの多くは 7 回の脱皮を経て繁殖が可能な成体となる. 成体時にも前方の
3 つの胴体節（胴部の 2 番目の体節である第 2 胴体節, および第 3, 4 胴体節）は,
幼体時と変わらず体節あたり 1 対, 2 本の歩肢をもつ. ヤスデでは整形変態の種
は確認されていないので, 発育の初期は, すべての種において増節変態する. 尾
節は, すでに胚発生の初期から認められており, 幼体の最後方の歩肢をもつ体節
と尾節の間において胴体節と歩肢が脱皮に伴って増加する. このような増節変態
において歩肢数は脱皮の回数と発育ステージに伴い, どのように増えるのかと
いった, ヤスデの後胚発生の過程がいくつかのグループでは明らかにされており
（表 6.2）, 胴体節と歩肢の数から, どの段階まで成長しているのかを把握できる.

　都市部の公園, 住宅地, 荒廃した土地など, わずかな有機物がある場所をすみ
かとするヤケヤスデは, 生息密度が高く, 人目に触れる機会が多い. 世界各地,
日本では北海道南部から沖縄まで広く分布する広域分布種である. 暖かい場所を
好み, 標高が高い地域や北海道の北部から道東には生息しない. 成長が早く, 頻
繁に多くの個体の生息が観察される. 卵から孵化したヤケヤスデの 1 齢幼虫（7
胴節）は 3 対の歩肢, 2 齢（9 胴節）, 3 齢幼虫（12 胴節）は, それぞれ 6 対, 11
対の歩肢をもつ. 4 齢幼虫（15 胴節）では雄が 16 対, 雌が 17 対の歩肢を有し,
この時期以降に雌雄の判別ができるようになる. 7 回の脱皮を経て, 成虫（20 胴
節）となり, 雌は 31 対, 雄は 30 対の歩肢をもつ. ヤケヤスデを含め, オビヤス

表6.2 発育段階による胴体節数と歩肢対数の変化

発育段階		オビヤスデ目		フサヤスデ目	
		胴体節数	歩肢対数	胴体節数	歩肢対数
幼体	1	7	3	5	3
	2	9	6	5	4
	3	12	11	6	5
	4	15	16 (雄) 17 (雌)	7	6
	5	17	22 (雄) 23 (雌)	8	8
	6	18	26 (雄) 27 (雌)	9	10
	7	19	28 (雄) 29 (雌)	10	12
成体	8	20	30 (雄) 31 (雌)	11	13

デ目幼虫の雄は4齢〜7齢では第7胴節の第8歩肢が短く変形して, こぶ状になっている. 7齢幼虫の脱皮後, この第8歩肢は1対の生殖肢として形成される. オビヤスデ目の多くの種において雄は雌よりも太い歩肢をもち, 雌雄の形態差がみられる. コウチュウ目オサムシ科の種でも, 歩肢の跗節幅は雄では雌よりも広いことが知られ, この形態は雄の交尾行動にとって有利であると考えられる. オビヤスデ目の種における雄の太い歩肢も交尾行動, 交尾回数が多いことに対する適応の可能性が指摘されている.

6.2 産卵のタイプと育児

6.2.1 繁殖行動と産卵

ウグイスのさえずりやコオロギの鳴き声は雄個体が繁殖のために発音して同じ種の雌個体に存在を知らせ, また同じ種の他の雄に縄張りを主張する働きがある. ネッタイタマヤスデ科には雄が生殖肢を使って発音する種が知られており, さえずりと同様にヤスデの雄の発音は, 同種の雌個体との遭遇に利用されている可能性がある. ほとんどのヤスデは雄と雌の交尾によって受精する. 例外として, フサヤスデ目では交尾をせず, 雄が出糸した場所に置いた精包を雌が見つけて生殖孔に入れることで受精する. 精包授受の方法だけでなく, フサヤスデ目は, ヤスデ綱の他の分類群と比べて, 表皮の柔らかさ, 剛毛の形態, 捕食回避の方法など, 様々な面で特異的である.

多足亜門の産卵は, 春, 秋, 春〜秋の3つの時期に行われることが多い. 産卵のタイプは, ①親が卵や幼体を保護し, 産卵数は少ない「少産保護タイプ」, ②卵の捕食, 乾燥を回避するために卵の周りに卵嚢や卵室とよばれる被覆構造を形成する「構造物放置タイプ」, ③卵を保護せず産卵数は多く, 卵塊の周囲に繁殖

した親個体が不在の「多産放置タイプ」の3つに大別される．「少産保護タイプ」としてオオムカデ目，ジムカデ目が知られている．オオムカデ目アカムカデ属では一度に産卵した20個ほどの卵からなる卵塊を雌が抱卵する．アカムカデ属のセスジアカムカデは森林の土壌層に多く生息し，春の早い時期から活動し，春に産卵が観察される．抱卵時には体を丸めて歩肢をツル籠のように揃えて卵塊の上部と下部を歩肢で覆い，卵塊が土に触れないようにしている．抱卵の期間，さらにその後，1齢～3齢幼虫の育児期間の数週間にわたって雌は摂食活動を行わない．捕食者であるムカデ綱は育児期間以外にも餌を摂食する頻度が低く，絶食に対する耐性が高いように考えられる．産卵の前には多くの餌を得ることができているのだろうか．抱卵の際，雌は定期的に口器で卵塊の周りに触れてグルーミングし（抗菌の機能があると考えられる），孵化後には子の育児に専念する．ジムカデ目はコケの上や地中に抱卵座をつくり，オオムカデ目よりもやや多い30～40個の卵塊を産卵して雌が抱卵し，3齢幼虫まで育児を行う．一方，同じムカデ綱でもイシムカデ目とゲジ目は，雌個体による卵の保護は行わない，②「構造物放置タイプ」である．イシムカデ目イッスンムカデ属は，1個の卵を産卵した後，雌の生殖肢によって卵を回転させて卵の表面に土を薄く塗り，腐朽が進んだ葉や木片の上に卵を放置する．卵は土で覆われるため，捕食者は卵があることに気が付きにくい．ゲジも1つずつ卵を産み，同様に産卵後に卵を回転させて土をつけ，少し掘り下げた地中に卵を置く．オオムカデ目，ジムカデ目と比較して抱卵と育児を行わないかわりに多産であり，イシムカデ目のイッスンムカデでは130～170個，ゲジ目のゲジでは130～250個を1個体の雌が年間を通して産卵する．抱卵の場合は土に触れないように抱きかかえる一方，抱卵しないムカデ綱のイシムカデ目，ゲジ目では卵に土を塗るという行動がみられ，土に封じ込めることによって卵が捕食されにくいだけでなく，乾燥しにくい，壊れにくいなどの意義があると推測される．イシムカデ目とゲジ目では，抱卵，育児を行うオオムカデ目やジムカデ目よりも体節数，歩肢が少ない（表6.1）．抱卵しない場合に歩肢の数が少ないというパターンは，どのようなプロセスで獲得したのか不確かであるが，抱卵には一定数以上の肢が必要な可能性がある．

Column 5　**土の中で子育てをする生き物**

　土の中の生き物の親子関係は，卵を産んだらそれっきりという種が多いが，中には愛情たっぷりの子育てを行う生き物がいる．ムカデ，ダンゴムシ，カメムシ，ハサミムシ，甲虫などの仲間には，親が子を育てる種が知られている．中でも特に面白い行動を見せてくれるのがモンシデムシという甲虫の仲間である．モンシデムシはネズミなどの動物の死体を餌としており，それを見つけると，団子状に丸めながら，土の中に埋め，巣をつくる．卵から孵った子どもたちを，親は腹部背面と鞘翅を擦り合わせて「チィチィ」という音を出して呼び集め，口移しに子に餌（死体スープ）を吐き戻して与える．その後，子どもたちは自分でも死体を食べながら蛹になる直前まで親元で成長する．さらに面白いのが，モンシデムシはこの育児を母親と父親が協力して行うのである．ただ，父親は現金な生き物で死体サイズが大きいとより長い時間育児を行い（雌は死体サイズで産卵数を調整するので，大きな死体ほど多くの子どもを残せる），とても大きな死体の場合は，複数の雌とハーレム育児を行うこともある．しかし，逆に母親が先に巣を離れてしまったら，父親はわずかな子であっても巣立つまで子の面倒をみるのである．暗黒の土の中のモンシデムシたちの子育ては，母性や父性の愛，そして様々な親子や夫婦の絆に気づかせてくれる．

〔永野昌博〕

6.2.2　ヒラタヤスデによる抱卵

　ヤスデ綱の雌による抱卵，卵の保護はヒラタヤスデ目のほか，オビヤスデ目ハガヤスデ科やエリヤスデ科の種においても初夏〜初秋に観測されている（工藤ほか，2014）．育児はヒラタヤスデ目の種のみで知られている珍しい行動である．日本に生息するヒラタヤスデ目のヒラタヤスデ，アカヒラタヤスデ，ヤマシナヒラタヤスデなどは，林床のどの場所にも生息するわけではなく，特定の倒木に局所的に生息し（図6.4左），何年も同じ倒木の下において個体群を維持する．ヒラタヤスデ目では卵嚢や卵室を形成せず，およそ20〜70個の卵を産む．ヒラタヤスデ目では，ムカデ綱オオムカデ目やジムカデ目の種と同じように雌による抱卵が一般的であると考えられている．しかしながら，ヒラタヤスデ目のヒラタヤスデは雌の産卵直後に雌から雄が卵を受け取って抱卵し，孵化後，1齢幼虫まで雄が育児をする（三好，1951）．ヒラタヤスデが生息する倒木の下は，林内の乾

図 6.4　倒木の下の（左）様々な発育段階のヒラタヤスデ，同じ倒
　　　　木にて（右）ヒラタヤスデ雄個体が抱卵している様子

燥が進行した際にも適度に湿っており，倒木の位置が動くなどの大きな撹乱は少
ないので，同じ林床の他の場所よりも環境が安定している．ヒラタヤスデの生息
している倒木から 1 m ほどしか離れていない隣接した倒木であっても生息が確
認されないことから，日当たり，微地形，倒木の腐朽段階による環境条件が水分
の保持，乾燥のしやすさを左右し，不適な環境からヒラタヤスデは移動すること
によって局所的な集中分布がみられると考えられる．ヒラタヤスデ目の種は，し
ばしば倒木下において菌類の周りに集団で生息し，菌類を摂食する．餌資源とし
て栄養価の高い菌類は個体群の維持，繁殖の成否に貢献していると考えられる．
ヒラタヤスデの産卵は春型であり，5 月中〜下旬に行われ，雄の抱卵は 6 月に多
く観察される．倒木の隙間や倒木の下の土の中では複数の発育ステージの個体が
狭い範囲に集団で生息している．倒木を裏返しても，ほとんどの個体が動かず，
歩行による移動速度も遅い．ヒラタヤスデの「雄」による抱卵は，どのような意
義があるのだろうか．ヒラタヤスデの雄は卵塊を胴体節の前方の歩肢で抱いて卵
を掴み，後方の胴体節の歩肢のみ動かして移動することができる（図 6.4 右）．
抱卵しながら移動して餌を得るのか，自力で抱卵時に摂食活動のための移動をす
るのか，不適な環境や捕食を回避するための移動かは不明である．抱卵するヒラ
タヤスデの雄は，胴体節数は 30 以上で一定数以上の歩肢をもつ（三好，1951）．
この抱卵行動のために，ヒラタヤスデは真増節変態によって歩肢と胴体節の数が
増え続ける変態様式が選択されたのかもしれない．一方で，菌食者として知られ
るヒラタヤスデは，落葉や土壌を主に摂食する他のヤスデよりも同化効率が高く，
抱卵時の絶食を可能にしていることが推察される．雄による抱卵の意義として，
卵の生産，産卵によって体内の資源を消費したヒラタヤスデの雌が産卵後に摂食

によって栄養を補給し，複数回の繁殖活動，産卵に備えることができる，という
利益があると考えられる．

6.2.3 卵の保護に利用するもの

ヤスデ綱の産卵行動は，まず構造物を形成して，その中に産卵する，または産
卵後に自らの排出物などで卵を包み，その後は卵の保護をしないという②「構造
物放置タイプ」が多い．ヒメヤスデ目，タマヤスデ目は卵の保護に土を摂食した
後の排出物を利用する．ヒメヤスデ目は土を多く含む排出物で形成した卵嚢の中
に卵を産み，孵化した幼体は1～2回の脱皮後に卵嚢の外に出る．タマヤスデ目
では1つずつ産卵した卵を自らの排出物で包み小さな卵嚢を形成する．この卵は
倒木のくぼみや地中に放置し，抱卵や育児は行わない．糸状の物質で卵を保護す
るツムギヤスデ目やフサヤスデ目の種も知られている．ツムギヤスデ目には紡績
腺（出糸腺）が尾端に1～3対あり，雌が糸のような繊維状の物質を紡績腺から
分泌して，卵を保護する巣を形成する．フサヤスデ目も出糸がみられ，また体表
の剛毛も用いて卵室をつくる．このような卵嚢を親個体が保護する行動は知られ
ていない．

卵嚢の中の幼体が別種に保護される例としてイヨハガヤスデとアリの関係が知
られている．森林土壌のアメイロアリやキイロシリアゲアリ，ハヤシクロヤマア
リなどの巣においてハガヤスデの生息が確認されている．オビヤスデ目ハガヤス
デ科のハガヤスデは，本州，四国，九州に広域に分布し，成体でも体長6～
7 mm程度と小さい．アリの巣内のハガヤスデは，深さ0～20 cmに多いが，土
壌の深い層にも生息し，60 cm程度まで潜っている雌個体が観察されている（篠
原，1974）．ハガヤスデの近縁種であるハガヤスデ科のイヨハガヤスデもアリの
巣に生息する．イヨハガヤスデは，トビイロシワアリ，クロヤマアリの巣に生息
し，産卵行動は春に（産卵時期は春型）みられ，球形の卵嚢を自らの排出物を用
いて形成して産卵する「構造物放置タイプ」である．村上（1965）は，イヨハ
ガヤスデの卵嚢がアリの通り道に形成され，孵化後，卵嚢から出てきた幼体をトビ
イロシワアリがくわえて運ぶといった珍しい行動を観察し，発育段階の初期にア
リによって育児が行われる可能性を指摘している．イヨハガヤスデの雌は，1個
体が4月下旬～6月下旬に複数回にわたって産卵し，卵は2～4週間後に孵化す
る．産卵時期が遅い卵は孵化までの時間が4月下旬に産卵した卵よりも早く，約

2週間で孵化することが観測されている（村上，1965）．交尾からの日数，産卵からの積算温度によって孵化までの日数は変動すると考えられる．孵化後に成長した幼虫は4齢〜7齢で越冬し，翌年の夏に成虫となり，その翌年の春に産卵する．したがって，2年の生活史をもつと推定されている．

イヨハガヤスデの形成した1つの卵嚢の中には1〜7個の卵が確認され，オビヤスデ目の中では産卵数が少ない（村上，1965）．産卵から孵化までの時間と産卵数，産卵タイプには，どのような関係があるのだろうか．繁

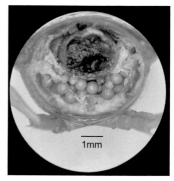

図6.5　アマビコヤスデ属の一種（雌）の第15胴体節の断面
背面側に消化管，腹面側の卵巣には大小サイズの異なる卵を蓄える．

殖コストの面からみると少数の卵を産むタイプは，親によって卵が保護される傾向がある．また，イヨハガヤスデのように別の種によって育児が行われるかもしれない．17〜764個の卵塊が観察されているヤケヤスデでは，産卵から10日前後で孵化する．したがってイヨハガヤスデよりも孵化までの期間がやや短い．オビヤスデ目ババヤスデ科アマビコヤスデ属の種では雌の卵巣内の卵黄形成が進んだ卵の大きさにばらつきがある（図6.5）．一度に多くの卵を産卵する種において，産卵直前に卵の大きさがどのくらい異なるかは不明であるが，産卵から孵化までの時間のばらつきに卵の大きさが関係すると推察される．孵化までの時間の長さが長いほど，外的な要因によって産卵後の卵の死亡率は高くなると予想される．したがって，抱卵，卵嚢などの保護がない「多産放置タイプ」のヤケヤスデは，卵を多く産むことに加え，孵化までの時間を短くすることによって卵の生存率を高め，多くの子孫を残す戦略をもつと考えられる．

6.2.4　キシャヤスデの卵は生き残るのか

線路の上を群遊して汽車を止めたことで「キシャ」ヤスデという和名がついたキシャヤスデは，雌1個体あたり300〜500個の卵を産む③「多産放置タイプ」である．秋に交尾し，受精後，産卵は翌年の春から初夏に観察される．卵は落葉層のすぐ下や土壌表層に塊として産卵される．1つの卵の大きさは直径1mm弱と小さく，複数の卵で構成される卵塊の周囲は，保護されることなく林床に放置

する一方，多くの数の卵を産むことに繁殖のコストをかけている．繁殖が可能な
キシャヤスデ成体の雌は成体の雄より体サイズが大きく，体重も重い．オビヤス
デ目では多くの種において雌は雄よりもサイズが大きい傾向がある．この雌雄間
の体格差は大きな個体の方がたくさんの卵を産むことができるという適応と考え
られる．卵嚢を形成せず，産卵から孵化までには約1カ月を要し，孵化までの時
間が長く，卵塊が放置されることから，卵の死亡率は高いと予想される．このよ
うな「多産放置タイプ」の種は卵の数に資源を投資しており，孵化までの時間が
長くなり，結果的に卵の死亡率が高いと仮定すると，「多産放置タイプ」と「少
産保護タイプ」の卵が成体まで生き残る個体数の差は，外的環境に依存するが，
それほど大きくない可能性がある．しかし，キシャヤスデは同時期に卵を多産す
ることによって個体群全体の捕食リスクを低下させ，卵が生き残ることに成功し
ていると考えられる．

6.3 同調して成長するヤスデ

ババヤスデ科のババヤスデ属（*Parafontaria*）は日本に固有の属であり，地域
ごとに種分化している．ババヤスデ属のキシャヤスデは，古くから生活史，特に
成虫の周期的な群遊に関する情報が蓄積されてきた．高桑（1954）は，キシャヤ
スデ成虫が「10年ほど前に」長野県清里駅付近の線路，軌道の上，歩廊，待合
室まで「無数の群を成して」徘徊していたと記述している．過去にさかのぼると
1920年代から，地表を歩く多数のキシャヤスデ成虫が目撃された記録が残って
いる．

キシャヤスデは本州中部を中心に標高600〜1,600 mほどの範囲の山岳地帯に
生息し，発育段階が同調した個体群が複数の地域において確認されている．この
同調個体群が一斉に成虫になる周期から，生活史は卵から終齢幼虫までの7年，
成虫の1年をあわせた8年であることが明らかになっている．例えば，地域A
では特定の1つの発育段階のキシャヤスデが生息しているので，成虫の生息しな
い期間が7年間ある．何年前に，どの地域において成虫の徘徊が観測できたかに
ついて Niijima *et al.*（2021）に詳細がまとめられている．数十km離れた地域で
も同じ年に成虫となる個体群が確認される一方で，隣接する地域において成虫の
出現年が異なる場合もある．筆者が調査した地域では2000年に成虫が確認され

た地域付近に 2001 年に成虫となる 1 年遅れの個体群が生息していたことが観測されている．同調して成長，繁殖，産卵することは次世代を多く残し，捕食者からのエスケープに有効であり，1 年遅れで成長する個体群の生息範囲や個体数が限られる場合には長い期間，複数の世代をかけて生息数を維持することが難しいと考えられる．

　キシャヤスデ成虫は，昼間は落葉層の下や土壌層に潜っていることが多いが，どのようなタイミングで地表に出てくるのだろうか．産卵は地表で行われ，卵塊が落ち葉の堆積層や土の表層に置かれており，孵化後に自ら土の層に深く潜っていく．若齢個体は土壌の深さ 20〜30 cm 程度の深い層に生息する．6 齢までの幼虫は，地表に出て徘徊することがなく，外骨格が未発達であり，体表は白く，柔らかい．一定の地域の幼虫は同調して，同じ齢となって成長する．8 年という世代時間を考えると，土の中で 6 年間にわたって生活し（7 年目に終齢幼虫は，地表をしばしば徘徊する），土壌を主な餌とすることから，7 齢幼虫と成虫の 2 年間の植物遺体の消費量は大きいとしても，森林に生育する植物の毎年の遺体の供給に対しては限定的であるため，キシャヤスデ成虫の生息数が非常に多い場合にも餌資源が枯渇することはないと予想される．また，7 齢（終齢）幼虫，成虫は地表に出て，餌として植物遺体を利用すると同時に土壌も餌として利用することがわかっており，土壌と未分解の植物遺体が混合された糞を形成する（Toyota et al., 2006）．

　筆者の自宅において飼育しているカタツムリは，降雨後ではなく雨が降る前日の晩や雨の降り出す半日ほど前から室内の飼育容器内にもかかわらず活動的に動き回る．ヤスデ綱の種においても，湿度上昇のためなのか雨が降る前に地表や樹上において活動が観察されることが多い．キシャヤスデの成虫も同様に，湿度が高い日に複数個体が地表を歩き，多数の個体が一斉に徘徊する．線路だけではなく車道を横切り，生息地の森林の中においても地表を覆うように歩く様子は 9〜10 月の夜間に頻繁に観察できる．このような大群が歩いている場所と，そうではない場所があり，その日によって大群が観察される場所が異なることもある．眼を欠くキシャヤスデは何らかのコミュニケーションによって同種の他個体を感知し，同じ場所に集まって歩くと考えられる．歩行速度は 30 秒間に 60〜80 cm ほどの距離を，ゆっくりと移動する．徘徊する個体の多くは夜間 1 時間の観測では，常に歩行し，多くの個体が同じ方向に移動する．一方，大多数の個体の移動

の流れとは別に，ほかの方向に移動する個体，また，草陰で休息する個体が観測され，同属の他種のヤスデが一緒に徘徊することもある．

6.4 脱皮のための部屋

6.4.1 脱皮の方法

ヤスデは生活史のうち1～数カ月の時間を脱皮に費やす．上述のキシャヤスデは夏におよそ3～6週間の脱皮時間が毎年1回あり，7年をかけて7回の脱皮の後に成虫となるため，8年の生涯のうち，少なくとも5カ月が脱皮の時間である．土を用いて卵を保護するための構造を形成するように，脱皮時にも土壌を摂食した排出物を用いて脱皮のための部屋をつくることが知られている．このような脱皮の部屋を脱皮室（molting chamber）とよぶ．

日本のヤスデで最も種数が多いオビヤスデ目では，脱皮の直前に大量の土を食べて自らの排出物を並べて，腐朽が進んだ倒木などを床として天井を覆う半球のドーム状（図6.6），または地中に全球状（図6.7）の脱皮室を形成する．土の粒子同士を接着した壁状の強固な構造を脱皮前の個体が構築する．脱皮室の形成に要する時間は6～12時間であり，通常の摂食よりも早い速度で周囲の土を摂食し，排出する．一定時間，摂食後に脱皮室の場所まで移動して排出物をレンガのように並べ，壁の内側と外側から排出物を追加して補強する．円形の壁の厚みが増した後，脱皮室の内側に入って排出物によって上蓋を形成する．脱皮は頭部と第1胴体節（頸板）の間の背面に亀裂が入り，その裂け目から頭部が出た後に，胴部

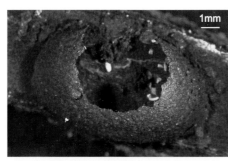

図6.6 （左）ノコバシロハダヤスデの脱皮後の脱皮室．脱皮室内には白い脱皮殻が残る．（右）脱皮後のノコバシロハダヤスデ．

図 6.7　ヤットコアマビコヤスデの脱皮後の脱皮室　土壌表層に形成され，有機物を多く含む．（カラー口絵 3 参照）

図 6.8　脱皮したミナミヤスデと脱皮殻　琉球大学与那演習林（第 42 回日本土壌動物学会エクスカーション）にて 2019 年 5 月 20日午前 9 時に撮影（写真提供：脇　悠太氏）．

の側面に裂け目ができて胴部を脱ぐ．脱皮直後の表皮，外骨格は柔らかいので，硬化するまで脱皮室の内部に留まる．脱皮室の形成に土を利用しないツムギヤスデ目では，出糸腺から糸状の分泌物を出して，自身の体をこの糸で巻いて脱皮する．

　タマヤスデ目，ヒメヤスデ目，フトマルヤスデ目などの種は脱皮室を形成せず，地表にて，そのまま脱皮する．タマヤスデ目は頭部と第 1 胴体節の間の腹面に亀裂が入り頭部から脱ぎ，ヒメヤスデ目，フトマルヤスデ目では胴体節の側面に沿って裂け目ができる（図 6.8）．

6.4.2　脱皮後の脱皮室の働き

　オビヤスデ目の脱皮室（図 6.6，6.7）は，脱皮後に土壌に残り，土壌の物理構造に不均一性をもたらす．キシャヤスデが生息する地域の土壌を採土円筒によって物理構造を非破壊で採取した場合に脱皮室が入ることがある（図 6.9）．特に終齢幼虫によって形成された成虫となるための脱皮室は，森林の土壌において構造が安定した耐水性団粒として数年にわたって残存する．脱皮室は，土壌に細かな粒子サイズの粘土画分が

図 6.9　キシャヤスデ終齢幼虫の脱皮後の脱皮室

多いと構造が崩れにくい．土壌粒子のサイズ分布において粘土のような小さな土
粒子が多い場合や脱皮室内に植物遺体の大きな破片が少ない場合，5 年以上，土
壌に脱皮室が残る．一方，未分解の植物遺体を多く含む土壌では森林土壌の有機
物堆積層の直下，土壌表層（植物遺体の堆積層と土壌層の境）に形成された脱皮
室は崩れやすい．この場合，脱皮後には脱皮室の球状の形態は保持されず，小さ
な脱皮室片となるため脱皮室由来の土壌かどうかを推定することは困難である．
土壌表層ではワラジムシ目やヒメヤスデ目の活動によって未分解の植物遺体が土
壌に多く混入する．キシャヤスデの終齢幼虫は，表層から深さ 5〜15 cm ほどの
土壌に脱皮室を形成することが多いが，ヤスデの個体数密度が高いときには表層
の未分解の植物遺体を利用，摂食した排出物によって脱皮室が野外の土壌表層に
形成される．この表層付近の脱皮室は繊維状の植物遺体，枯死根などが混入した
状態で形成されるので，構造が安定しない．しかしながら，この表層土壌由来の
脱皮室片は，短期的に土壌表層に多くの炭素を貯留する機能をもつ可能性がある．
キシャヤスデ終齢幼虫の生息数を操作した実験では，キシャヤスデ終齢幼虫の生
息密度が高い場合，土壌の深い層（5〜8 cm）と比較して表層 0〜3 cm の深さ（植
物遺体の堆積層と土壌層の境を深さ 0 cm とする）において，脱皮を経て成虫と
なった後の土壌に炭素が貯留されることが示されている（Toyota *et al.*, 2006）．
この実験では，春（7 齢幼虫）から晩秋（成虫）までの期間に実験を行い，晩秋
に土壌の炭素量を評価したため，7 齢（終齢）幼虫の実験中に形成した脱皮室が
実験土壌に含まれている．ただし，脱皮室片のみを取り出して分析するなど脱皮
室の影響を分離せず，表層 0〜3 cm の土壌全体を分析したため，土壌炭素の貯
留には成虫が植物遺体を摂食した後の排出物の影響，終齢幼虫が土壌表層に形成
した有機物に富む脱皮室の影響の両方の影響が含まれ，どちらの影響が大きいか
は不明である．

　キシャヤスデ終齢幼虫の脱皮室は，森林土壌において，様々な深さに分布する．
表層から 10〜15 cm の深さの脱皮室には脱皮室形成後に植物の細根が多く侵入
することから脱皮室が植物への養分供給に及ぼす影響は小さくないと予想され
る．Toyota and Kaneko（2012）はキシャヤスデの発育段階が同調した個体群が
生息する地域においてキシャヤスデ幼虫の生息数に違いがある森林を選定し，林
床植生として優占するミヤコザサの当年葉を採取して分析し，キシャヤスデが植
物の生葉に及ぼす影響を検証した．土壌中のキシャヤスデ終齢幼虫の生息数が多

かった地域では，終齢幼虫の生息数が少ない地域と比較してミヤコザサ生葉のリン（P）濃度は，終齢幼虫が脱皮して成虫になり2001年に成虫が死亡してから2年経過した2003年の夏に最も高いことを指摘している．キシャヤスデ終齢幼虫が多く生息していた地域において成虫の出現した年（2000年），成虫の死亡した年（2001年），その翌年（2002年）よりも成虫の死亡から2年後（2003年）にミヤコザサ当年葉のリン濃度が高く，生息数が少ない地域では，そのような年変動がみられない．終齢幼虫の生息数が多い地域の土壌には多くの脱皮室が根圏に残存する．植物の葉の質の年次変化がキシャヤスデ幼虫の生息数が多い地域のみ大きいことから，脱皮室形成から3年後にそれまで脱皮室に貯留されていた養分が植物に利用された可能性も考えられる．

　土壌を摂食するヤスデやミミズの排出物は，消化管を通過したことによる物理構造の変化によって土壌の水分が保持されやすく，摂食されていない土壌よりも含水率が高く維持されることがある．排出物と同じように土壌構造が改変された脱皮室も雨が降らずに乾燥状態が続いた場合に急激な脱水が生じないような物理構造をもつと予想される．脱皮後に土の中に残された脱皮室は，形成した動物が死亡した後にも数年といった時間スケールで，土壌水分と養分を保持する機能をもつ可能性が高い．このような脱皮室による土壌環境の変化は，土壌の構造，土壌養分の含有量の不均一性，植物の葉の質の年変化を引き起こすことが出発点となり，植物以外の他の生物種にも影響を及ぼすと考えられる．　　　　〔豊田　鮎〕

主な参考文献

三好保徳，1951．雄が抱卵するヒラタヤスデ．採集と飼育，**13**，54-55．

村上好央，1965．日本産普通多足類の後胚発生 XVIII イヨハガヤスデの生活史(2)．動物学雑誌，**74**，31-37．

Niijima, K. *et al.*, 2021. Eight-year periodical outbreaks of the train millipede. *Royal Society Open Science*, **8**(1), 201399.

篠原圭三郎，1974．多足類の採集と観察，グリーンブックス12，pp. 2-84，ニューサイエンス社．

高桑良興，1954．日本産倍足類総説，pp. 1-17，日本学術振興会．

田辺　力，2001．多足類読本，pp. 96-161，東海大学出版会．

Toyota, A. *et al.*, 2006. Soil ecosystem engineering by the train millipede *Parafontaria laminata* in a Japanese larch forest. *Soil Biol. Biochem.*, **38**(7), 1840-1850.

Toyota, A. and Kaneko, N., 2012. Plant productivity is temporally enhanced by soil fauna depending on the life stage and abundance of animals. In *Forest Ecosystems: More than Just Trees* (Blanco, J. and Lo, Y.-H. eds.), 11, pp. 253-264, InteckOpen.

第 **7** 章
系統解析と生物地理

7.1　系統地理学とは

　系統地理学は，系統学と生物地理学が融合した研究分野で，生物の地理的分布の歴史を系統の観点から解明する学問である．それでは，生物の地理的分布の歴史とは何だろうか．「今，そこに生物が分布」するのは，現在の気温や降水量などが適しており，絶滅に追いやるような競争相手や天敵がいないだけでなく，過去の種分化や絶滅，移動分散も影響している．このように生物の分布は，現在だけでなく過去の様々な現象が影響しており，その過去の現象の解明を目指すのが系統地理学といえる．

　系統地理学の詳しい説明は専門書（Lomolino *et al.*, 2017 など）に譲るとして，ここでは系統地理学の考え方の骨子のみを解説する．過去に大きな島に黒色のダンゴムシが生息していたとする．その後，地殻変動が生じて島の一部が沈下して2つの島に分断し，その結果，片方の島では縞模様のダンゴムシに進化したとしよう．さらに，その島が分断し，縞模様のダンゴムシから白色のダンゴムシが進化したとする．そこで，現在，生息している黒色，白色，縞模様のダンゴムシの系統樹を作成すると，より最近に分化した白色と縞模様が系統的に近くに描かれる（図 7.1）．現実の世界では，分化・多様化の歴史はわかっていないため，系統樹の結果に地史の知見などを組み合わせて，その多様化の歴史を推定することが系統地理学の考え方といえる．ここでは種分化を扱ったが，系統地理学では種内の遺伝的分化も研究対象となる．

　多くの土壌動物は飛翔能力をもたないため，広範囲で動物を採集し系統樹を作

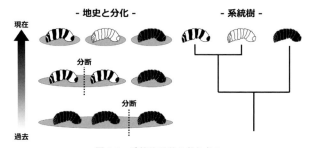

図7.1　系統地理学の考え方1
陸地の分断に伴って分化が生じた場合（左）に得られる系統樹（右）．

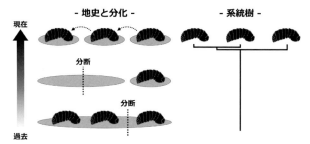

図7.2　系統地理学の考え方2
広域に分布するダンゴムシが近年の分散の結果である場合（左）に得られる系統樹（右）．

成すると，地域ごとに分化している系統樹が描けるはずである．しかし，広範囲で採集した個体間で，ほとんど分化が認められない系統樹が描かれることもある．これは現在も各地域に遺伝子の交流がある，もしくは，近年，地域間で急速に分布域を広げたと考えられる（図7.2）．例えば，飛行機に乗って移動した外来種は，原産地と侵入先がどんなに離れていても遺伝的分化がないことは容易に想像できるだろう．

　ここまで読んで，「日本」で「土壌動物」の「系統地理学」を研究する面白さに気づいたのではないだろうか．日本には，6,800を超える島があり，それらは複雑な分断と結合を繰り返してきた．この複雑な地形の歴史（地史）は生物の多様化に大きな影響を及ぼしたことだろう．特に，飛翔能力をもたず，移動性が低い土壌動物は，その多様化の歴史の中で地史の影響を強く受けたはずである．これが，「日本」で「土壌動物」の「系統地理学」を研究する大きな魅力といえる．しかし日本では，土壌動物を対象とした系統地理学の研究は，オサムシ科甲虫に

おいて精力的に行われているが（曽田，2013），それ以外の動物群では断片的に研究がなされているだけである．

　以下では，筆者が研究しているワラジムシ類（ワラジムシ亜目：Oniscidea）とサソリモドキ類（サソリモドキ目：Thelyphonida）について紹介する．

7.1.1　ワラジムシ類

　南西諸島は九州から台湾に連なる島々を指し，系統地理学の研究舞台として非常に人気がある（図7.3）．なぜなら，これら島々は中国大陸や九州と陸続きになっていた過去があり，その時期に中国大陸や九州から移動してきた飛翔能力をもたない動物が，その後の島嶼化によって多様化したと予想されるためである．生物相がよく調べられている脊椎動物は，特によく研究が行われているが，土壌動物は前述したように系統地理学の興味深い研究対象ではあるものの，種分類が難しく分布域が不明瞭なため，まだ研究途上といえる．

　そこで，筆者は熱帯域を中心に分布するワラジムシ類であるトゲモリワラジムシ属（*Burmoniscus*）の2種を対象にその分布と種内の遺伝的分化を調べた．そ

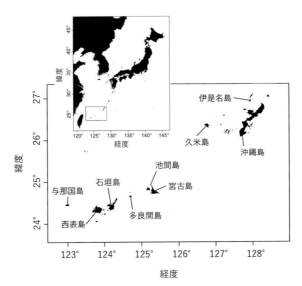

図7.3　本章で登場する南西諸島の主な島
下の地図は左上地図の枠内の拡大．「国土数値情報（行政区域データ）」（国土交通省）（https://nlftp.mlit.go.jp/ksj/gml/datalist/KsjTmplt-N03-v3_0.html）を加工して作成した．

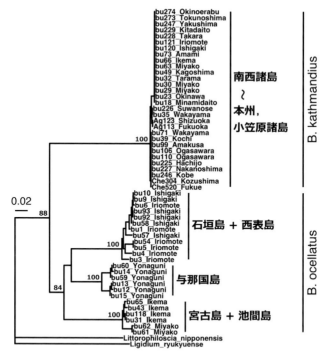

図7.4　ヤエヤマモリワラジムシ（*Burmoniscus ocellatus*）とアジアモリ
ワラジムシ（*B. kathmandius*）を対象とした系統樹
ミトコンドリア DNA の COI 遺伝子領域（533 bp）を用いて近隣結合法に
て作成した. 系統樹上の数値はブートストラップ値である.

の結果, 2種間でその分化パターンに大きな違いがあることがわかった（図7.4）.
　2種のうちヤエヤマモリワラジムシ（*B. ocellatus*）は宮古諸島から中国本土に
まで分布し, 森林内に生息するワラジムシ類である. そこで, 与那国島, 石垣島,
西表島, 宮古島, および, 池間島で採集した個体から DNA を抽出し, 系統樹を
作成したところ, 大きく3つのグループに分化していることが判明した（図7.4）.
1つは与那国島の個体のみで形成され, あと2つのグループには, それぞれ石垣
島と西表島, および, 宮古島と池間島で採集した個体が含まれていた. 宮古島と
池間島の間は約1.5 km であり, 現在は橋でつながっているほど近い. また, 石
垣島と西表島の間は20 km 程度だが, この2つの島の間の海は石西礁湖という
サンゴ礁が発達する非常に浅い海である. したがって, 気温が下がり, 極地で氷
山が発達して海水面が下がると, この海域は陸地になりやすいと考えられる. 木

村 (2002) によると，1.5 万年前まで石垣島と西表島は一つの島であったことが示されている．つまり，これらの島々は独立した島になってからあまり時間が経っていないため，島固有の遺伝子型が発達していないと考えられる．

　続いて，もう1種のアジアモリワラジムシ (*B. kathmandius*) に話題を移す．本種はミャンマーのカトマンズで最初に発見されたが（学名の由来），現在では東アジアに広く分布し，ハワイにも生息することがわかっている．日本では南西諸島の島々だけでなく，九州や四国，本州の一部（静岡，山口），さらには小笠原諸島でも発見されている．上述した同属のヤエヤマモリワラジムシと比べると分布域は非常に広いが，系統樹を見ると地域間でほとんど遺伝的に分化していないことがわかる（図7.4）．この結果から，本種は，現在でも海を越えて頻繁に遺伝子の交流をしている，もしくは，急速に分布を拡大させたと考えられる．飛翔能力をもたない本種が，絶海の孤島である小笠原諸島と本州や南西諸島の個体群間で頻繁に遺伝子交流していると考えるのは合理的でない．したがって，急速に分布域を拡大させたと考えるのが妥当であろう．では，なぜ急速に分布を拡大させたのだろうか．筆者は2つの仮説を考えている．一つは，人の移動に伴って移動した，つまり，本種は外来種であるという仮説である．本種はヤエヤマモリワラジムシと異なり，乾燥に強く，道路沿いや住宅地周辺など人間活動に近い環境に生息している．このような環境に生息する種は，人の移動時に荷物などに付着する可能性が高い上に，移動先の環境でも生息できる可能性が高い．したがって，本種は外来種として成功するポテンシャルをもっているといえる．

　もう一つの仮説は，温暖化によって生息できる環境が急速に拡大した，というものである．この仮説を紹介する前に，生息適地モデルについて説明しておく．生息適地モデルは，分布データと環境データの関係性を数式化（モデリング）したもので，地図化した環境データに基づき生息適地モデルの計算を行うことで対象生物の生息適地を地図に投影することができる (Guisan *et al.*, 2017)．また，生息適地モデルが構築できると，過去の環境データと合わせることで過去の分布域も推定できるため，系統地理学と融合させた新たな議論ができる（岩崎ほか，2016）．そこで，これまで採集した435地点のデータを用いて，最大エントロピー法にてアジアモリワラジムシの生息適地モデルを構築し，現在の生息適地を地図上に投影した（図7.5左）．この結果から，現在の環境下では，本種は南西諸島の島々に加え，九州全域，本州，四国の海岸沿いなど西日本の広範囲が生息適地

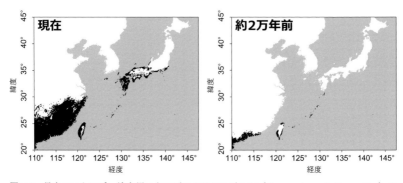

図7.5 最大エントロピー法を用いたアジアモリワラジムシ（*Burmoniscus kathmandius*）の
現在（左）と約2万年前（右）の生息適地（黒色部）
環境データは PaleoClim（http://www.paleoclim.org/; Brown *et al.*, 2018）から取得した.

であることがわかる. また, この結果は筆者の採集経験ともおおよそ一致してい
る. 一方, 図7.5（右）は, 同じ生息適地モデルを現在から約2万年前の環境デー
タに投影したものである. すると, 約2万年前の本州, 九州, 四国は本種の生息
に適さない地域であったことがわかる. なぜだろうか. 今から2万年前は氷河期
で, 現在よりも気温が低かった. つまり, 温暖な気候を好むアジアモリワラジム
シは, この時代には現在よりもかなり南方にしか生息できなかったと考えられる.
その後, 氷河期が終わり, 気温が上昇するとともに, 本種の生息適地は拡大した
のだろう. 上記したように本種は乾燥に強く, 海岸近くの草地や海岸林にも生息
する. 海岸の倒木などに付着していたところ, 台風などで潮が高まり海に引きず
り込まれ, 海流によって現在の生息場所に流れた, というのが第2の仮説である.
本種の耐塩性などについては研究されていないため, 第2の仮説についてはこれ
以上の議論はできないが, この仮説が正しいのであれば, より長い期間維持され
ていた南方の集団ほど遺伝的多様性が高いと予想される. 今後, 遺伝的多様性や
耐塩性の解明を行い, 第2の仮説の検証を進める予定である.

7.1.2　サソリモドキ類

　土壌動物を対象とした系統地理学の面白さを, 少しは理解していただけただろ
うか. 7.1.1項では, 同じ属の2種であってもその分布の歴史が大きく異なって
いることを紹介した. このように「種によって異なる」分布の歴史を解明するこ
とは, 系統地理学の重要な研究テーマである. その一方で, 「複数の種に共通」

した分布パターンを発見し，その共通性をもたらした歴史的要因を解明すること
もまた系統地理学の重要な研究テーマである．例えば，ヤエヤマモリワラジムシ
は島ごとに遺伝的に分化していたが，これは土壌動物として一般的な現象なのだ
ろうか．それとも非常にユニークな現象なのだろうか．そのためには，様々な動
物で同様の解析を行う必要がある．

　そこで，分類群も生態も全く異なるサソリモドキ類を対象に系統地理学的研究
を行った．サソリモドキ類は，その名のとおりサソリに似た動物であるが，毒針
はなく，そのかわりに尾部から酢酸を出す．酢酸，つまり，酢であるから，お尻
からくさい（酸っぱい）においが出る．そのため，この動物をヘヒリムシとよぶ
地域もある．日本では多良間島よりも南にタイワンサソリモドキ（*Typopeltis
crucifer*）が，久米島よりも北には日本の固有種であるアマミサソリモドキ（*T.
stimpsonii*）が分布している．

　まずはタイワンサソリモドキの系統樹をみてみよう（図7.6）．ヤエヤマモリ

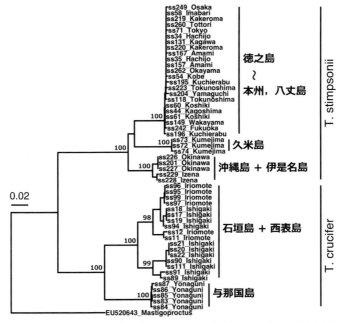

図7.6 *タイワンサソリモドキ（Typopeltis crucifer）とアマミサソリモドキ（T.
stimpsonii）を対象とした系統樹*
ミトコンドリアDNAのCOI遺伝子領域（620 bp）を用いて近隣結合法にて作
成した．系統樹上の数値はブートストラップ値である．

ワラジムシの結果と同じく，与那国島の個体は固有の遺伝子をもっており，また，石垣島と西表島の間では遺伝的に分化していないことがわかる．ただし，石垣島には大きく2つの遺伝的グループがあるようで，この分化がどのように生じたかについては有力な仮説がなく，現在，研究を進めている最中である．

　続いて，アマミサソリモドキの久米島，沖縄島，伊是名島の個体に注目しよう．久米島，および，沖縄島と伊是名島の個体は，それ以外のアマミサソリモドキとは遺伝的に分化していることがわかる．本種は，沖縄諸島以北に広く分布しており，種としては絶滅する可能性は低いが，久米島，および，沖縄島と伊是名島の個体は，分布が島内のごく一部に制限されており，非常に絶滅しやすい．もしそれらが絶滅すれば種内の貴重な遺伝的多様性が失われる．この研究成果によって，これら地域の個体は，「レッドデータおきなわ」の「絶滅のおそれのある地域個体群」に指定された．話が逸れたが，サソリモドキ類に関するここまでの研究成果は，ヤエヤマモリワラジムシと完全一致とはいかないが，南西諸島の島嶼化がサソリモドキ類の多様化にも強い影響を及ぼしたことを示している．前者は，甲殻亜門（Crustacea）に属する落葉食者で，後者はクモ形綱（Arachnida）に属する捕食者と，系統も生態も大きく異なる．このように全く異なる性質をもつ生物においても似た結果になったということは，他の土壌動物でも南西諸島の島々で多様化が生じていることを示唆している．

　次に，徳之島や本州，八丈島で採集したアマミサソリモドキの系統樹に注目しよう．アジアモリワラジムシと似て，地域間でほとんど遺伝的変異がないことがわかる．アジアモリワラジムシでは，人為分散による外来種説と温暖化による分布拡大の可能性を述べたが，アマミサソリモドキではどうだろうか．こちらも結論を出すまでには至っていないが，本州で確認されている個体については人為分散による外来種の可能性が非常に高い，というのが筆者の考えである．ただし，九州西部や高知の個体については，海流によって流された可能性も否定できない（唐沢ほか，2021）．

7.2　系統解析と種分類

　前節では系統地理学について述べたが，本節では種分類における系統解析の利用について紹介する．

　種の定義には様々なものがあるが，最も広く受け入れられているのは生物学的
種概念である．生物学的種概念とは，自然条件下で繁殖可能な個体の集まりを同
種とし，繁殖できない個体間を別種と判断するものである．生物学的種概念は定
義が明確で研究者間での合意形成が容易という利点がある．その一方で，生殖の
有無を基準とするため，単為生殖をする種や化石種，隔離的に分布する個体群に
は適用できないといった欠点もある．そこで，単為生殖の種を多く含み，また分
布情報が乏しい種が多い土壌動物では，形態のみに基づき種分類が行われること
が普通である．形態に基づき種を区分することを形態学的種概念といい，固定さ
れた標本のみでも研究ができるため実用性が高いが，やはり欠点もある．それは，
どの程度形態が異なれば別種とするのかという明確な定義がなく，その判断は研
究者に委ねられる点である．特に，地理的変異や成長に伴う形態変化が大きい種
では，種の境界を判断することが非常に難しい．魚の例になるが，過去に2属3
種と考えられたコンペイトウ（*Eumicrotremus asperrimus*）とコブフウセンウ
オ（*Cyclopteropsis bergi*），ナメフウセンウオ（*C. lindbergi*）が，その後の詳細
な調査によって，実は同じ種であると判明したことがある（Hatano *et al.*,
2015）．この混乱は，種分類を行う上で重要な形態が成長に伴って変化するため
に生じた．種内変異を正確に理解するためには，ときに飼育実験や遺伝子解析な
どが必要になる．

　このように生物に種名をつける際には，形態観察だけでなく，その種の様々な
性質を評価し，より安定した種分類を行うことが期待されている．そこで，筆者
は，日本に生息するワラジムシ類の安定した種分類の確立を目指して，形態観察
だけでなく，分布や遺伝子データを統合した解析を行っている．その一環として，
タイプ産地の標本（トポタイプ）のDNAの集積を行っている．タイプ産地とは，
新種を発表する際に種の基準として指定された標本（ホロタイプ）が発見された
場所のことで，その場所で採集した標本はホロタイプと同じ，もしくは，非常に
似たDNAをもつことが期待される．タイプ産地では標本が採集できず，同一島
内などの少し離れた場所で採集した標本も含め，筆者はこれまでに約69種の
DNAの収集を行った．約としているのは，形態からホロタイプと同一種である
と確証が得られない種がいるためである．

　このDNAを用いて，進化的な観点から種を分類する方法であるgeneralized
mixed Yule-coalescent（GMYC）法を試したのが図7.7である．各種1個体しか

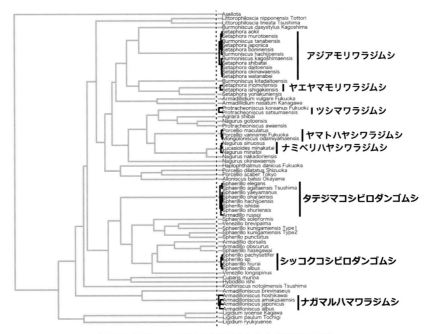

図7.7　69 種のワラジムシ類を対象にした GMYC の結果

ミトコンドリア DNA の COI 遺伝子領域（520 bp）を用いた．破線よりも右の太線は GMYC にて複数の種が 1 種と推定されたことを示している．ただし，これらが同一種であることを証明するためには，タイプ標本の観察，形態や分布の調査が不可欠である．

含めておらず解析が不十分であるため参考として捉える必要があるが，形態に基づき記載された 69 種が DNA データからは 40 種と判断された．このうちのいくつかは，著者による形態観察からも支持され，すでに学名の変更が提案されている（Karasawa, 2016; Karasawa and Honda, 2012 など）．したがって，この DNA データに基づく種分類は的外れということはなく，今後の形態観察や分布調査によって日本のダンゴムシ類，ワラジムシ類の種名が変更される可能性は十分にある．

　しかし，なぜ，このように形態に基づく種分類と DNA データに基づく種分類で大きな違いが生じているのだろうか．ダンゴムシ類やワラジムシ類を正確に種同定するには，体を 20 以上の部位に解剖し顕微鏡で観察しなければならない．これら部位の中でも，特に雄の胸脚や腹肢の形態の差異が種分類には重要である．ここまでわかっているなら，問題なく種分類できそうだが，そう簡単にはいかな

い．ワラジムシ類は生まれたときの形態は雄も雌も同じで，その後の成長に伴い雄が形態を変化させる．このように成長に伴って生じる雌雄の間で異なる形質を二次性徴というが，先ほど説明した雄の胸脚や腹肢の形態は二次性徴である．したがって，ワラジムシ類においても，コンペイトウの例のように，異なる成長段階の個体が別種として記載されている種があると筆者は考えている．また，ワラジムシ類は，成体にまで成長しても二次性徴が十分に発達しない「間性」という現象がみられることも種分類を難しくしている．

7.3 DNA バーコーディング

これまでは土壌動物の多様性解明における系統解析の重要性を紹介したが，このような研究によって DNA データが蓄積されることで，新しい研究手法が誕生した．DNA バーコーディングである．DNA バーコーディングは，種名のわからない生物から DNA を抽出・解析し，その結果を DNA データベースで検索をすることで種同定する方法である（図7.8）．バーコーディングとはスーパーなどで買い物をするときにバーコードを読み込む行為のことで，自然界では，あの縦線模様のかわりにそれぞれの種に特異的な DNA の塩基配列を用いて，種名という情報を取得する．このときの塩基配列を DNA バーコードという．

DNA バーコーディングを利用すると，形態に関する知識がなくても種同定ができる．DNA 実験をしたことがない人は，形態観察よりも難しい実験をして種同定することに意味があるのかと疑問に思うかもしれないが，土壌動物の形態を正確に観察するには長い経験が必要で，一朝一夕にできるものではない．また，

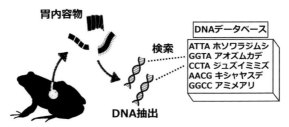

図7.8　DNA バーコーディングを用いた胃内容物の解析方法の概略
胃から取り出した動物片から DNA を抽出・解析し，DNA データベースにて検索することで種名を特定することができる．

土壌動物の中には，幼体や片方の性では種同定ができない動物群もある．一方，DNA 実験はマニュアルに沿って作業をすれば誰でも同じようにでき，さらに，DNA バーコーディングを用いることで，種分類に必要な形態をもたない未成熟な個体や体の一部でも同定が可能になる．

　日本では，土壌動物を対象にした DNA バーコーディングの研究例はあまり多くないが，現在進行中の研究を一つ紹介する．鳥取大学大学院生の千葉駿は，鳥取砂丘に生息するカエルの研究をしている．水場の少ない砂丘地にカエルが生息していることは非常に興味深いが，鳥取砂丘には数多くの絶滅危惧の昆虫が生息しており，カエルが増えるとそれら昆虫が捕食され絶滅することが危惧されている．そこで，彼は許可を得てカエルを捕まえ，強制嘔吐法というカエルを生かしたまま胃内容物を採集する方法を用いて，餌メニューの調査を行った．しかし，胃内容物は破砕・消化によって細かく分解されているため，形態に基づいた種同定をすることは困難である．そこで，分解された昆虫片から DNA 抽出を行い，DNA データベースにて検索したところ，アリなどの土壌徘徊性昆虫，カメムシ類などの草本に付着する昆虫，そして，トンボ（ヤゴ）などが食べられていることがわかってきた．一方で，DNA データベースで有力な候補種が検索されないサンプルが多数あることもわかってきた．これは，DNA データベースに登録されている土壌動物の種数が不十分であることを意味している．土壌動物は，カエルなどの脊椎動物だけでなく，地上のクモなど無脊椎動物にとっても重要な餌資源である．今後，DNA データを用いた食物網の解析が期待されるが，そのためには早急に土壌動物の DNA データベースを構築する必要がある．

　2010 年以降，急速に発達している DNA バーコーディングを応用した新しい生物調査法について少し触れておこう．ドラマや映画で，殺人現場で科学捜査研究所（科捜研）の職員が髪の毛を見つけ，DNA 鑑定をしているシーンを見たことがある人は多いだろう．犯人が髪の毛を落とすように，実は自然界の動物たちも細胞片など体の一部を落下させている．そこで，犯人を探す科捜研の職員のように，自然界に残された生物片から DNA を取り出し，そこに生息する動物相を調べる調査方法が近年，大きな注目を浴びている．この方法は動物体から直接DNA を抽出せずに，あたかも環境中から DNA を抽出しているように見えることから，環境 DNA（environmental DNA, eDNA）とよばれている．環境 DNAでは，ある特定の 1 種の生息を調べるだけでなく，そこに生息する種類を網羅的

に調べることもでき，このように複数の種を一度に特定する方法を DNA メタ
バーコーディングという．環境 DNA はすでに水中に生息する動物を対象として
大きな成果をあげており，土壌動物についても大きな期待が寄せられているが，
まだ研究例は限られている．例えば，Jackson *et al.*（2017）は，土から抽出した
DNA を用いてミミズの分布を特定することに成功している．しかし，この方法
が他の動物にも適用できるのか，その精度はどのぐらいなのかなど，実用化する
ためには検証しなければならないことが多く残っている．　　　　〔唐沢重考〕

　注）本節は動物命名の目的のために公表したものではないことを宣言する．

主な参考文献

岩崎貴也ほか，2016．分子系統地理学に生態ニッチモデリングがもたらす新展開と課題．植物
　地理・分類研究，**64**，1-15.

Karasawa, S., 2016. Eleven nominal species of *Burmoniscus* are junior synonyms of *B. kathmandius* (Schmalfuss, 1983) (Crustacea, Isopoda, Oniscidea). *Zookeys*, **607**, 1-24.

Karasawa, S. and Honda, M., 2016. Taxonomic study of the *Burmoniscus ocellatus* complex (Crustacea, Isopoda, Oniscidea) in Japan shows genetic diversification in the Southern Ryukyus, Southwestern Japan. *Zool. Sci.*, **29**, 527-537.

唐沢重考ほか，2021．アマミサソリモドキ *Typopeltis stimpsonii*（Wood, 1862）の分布状況お
　よび系統地理学的考察．*Edaphologia*, **109**, 19-31.

Lomolino, M. V. *et al.*, 2017. *Biogeography—Biological Diversity across Space and Time* (5th ed.), Sinauer Associates.

第 8 章
土の中の化学戦争

8.1 土の中の世界

　土壌動物の住んでいる場所とはどんなところなのだろうか？　植木鉢の下，石の下，落ち葉の下，腐葉土の中……など，光の射さない，暗くて湿った空間といえるだろう．光のない暗闇の世界で生活するためには，どうやって食べ物を見つけ，敵と仲間を見分けたらよいのだろうか？　夜に活動する動物たちの中には，モモンガなどでみられるように，わずかな光を集めるため大きなレンズ＝大きな目をもったり，コウモリのように超音波を使って物を見たりするものがいる．それ以外にも，ヒゲや毛による触覚，においを感じる嗅覚，音を感じる聴覚を発達させ，暗闇の中でも活動し，食物を得，暮らす動物もいる．同じ暗闇である土の中という世界でも，動物たちは，視覚以外の感覚である，触覚，嗅覚，聴覚を駆使して生活をしている．本章では土の中の生き物たちの化学物質を介した交信，すなわち嗅覚を使った「対話」について紹介しよう．

8.2 微生物―特に糸状菌の生産する揮発性成分とその機能―

　糸状菌やバクテリアなどの土壌微生物は，実に様々な揮発性成分を生産している．しかし，微生物が生産する揮発性成分の中で，その生態的機能が明らかになっているものは多いとはいえないのが現状である．ここでは，私たちの足下に広がる地下世界において，糸状菌が揮発性物質をツールとして植物，バクテリア，菌類，土壌動物に対して行っている様々な働きかけの一部について概説したい．

8.2.1　菌類の発する揮発性物質の植物への作用

　植物が揮発成分を使って周囲の生物に様々な働きかけをしている事実はすでに
ご存知の方も多いと思う.例えば,植物種の中には他感作用＝アレロパシーといっ
て,周囲の植物や土壌中の微生物に影響を及ぼす揮発性成分を主とした化学物質
を生産するものがあり（藤井・濱野,2003）,特に侵略的な外来植物にはアレロ
パシー物質を生産するものが多く,それによって在来種に直接的な生育阻害と,
在来植物種と土壌微生物との共生関係の撹乱による間接的な生育阻害を引き起こ
している可能性が指摘されている（Kalisz *et al.*, 2021）.またイモムシなどの植
食性昆虫に加害された葉の発する揮発性物質は,化学信号となって同じ植物体や
他の植物体に抵抗反応を誘発し（Meents *et al.*, 2019）,さらには寄生蜂が誘引さ
れる化学信号ともなったりする（塩尻ほか,2002）.また微生物に対しては,殺
菌作用をもつ揮発成分,すなわちフィトンチッドとよばれる物質を出して,植物
体の周囲に生息する微生物を制御していることが知られている（Nagaki *et al.*,
2011）.

　それでは,微生物は植物から一方的に制御されているばかりかと思ったらとん
でもない.植物の根と共生する糸状菌である菌根菌や根圏とよばれる根の周囲で
暮らす糸状菌では,菌類の発する揮発性物質に植物の根の生育を促す効果がある
事実が報告されている.以下にその事例をいくつか紹介しよう.菌根菌の一種,
オオキツネタケ（*Laccaria bicolor*）が腐生的に生活をしているときに放出する
（−）ツヨプセンなどのセスキテルペン類を主とした揮発性物質には,自分の共生
相手となりうる植物種に対し,細根の伸長を促す作用が見出されているが,共生
相手とならない植物種に対しては,細根の伸長を促す作用はみられないと報告さ
れている（Ditengou *et al.*, 2015）.またギガスポラ属の一種（*Gigaspora
margarita*）の発する揮発性物質は,共生相手となりうる植物種のみならず共生
相手にならない植物種でも根の伸長促進作用がみられる（Sun *et al.*, 2015）.こ
のような作用は菌根菌のみではなく,根圏で生育する腐生菌,トリコデルマ属の
一種（*Trichoderma viridae*）の生産するイソブチルアルコール,イソペンチル
アルコール,メチルブタナールにもみられ,それらの物質が根系や地上部のバイ
オマス増加を引き起こすことが報告されている（Hung *et al.*, 2013）.

　また反対に,菌類の揮発性物質には,植物の生育を阻害する作用をもつものも
知られている.高級食材で知られるトリュフの発する揮発成分に含まれるマツタ

ケオール（1-オクテン-3-オール），2-フェニルエタノール，3-メチル-1-ブタノール，1-ヘキサノール，3-オクタノール，3-オクタノンなどは植物に対し毒性をもつと見なされている（Wener *et al.*, 2016）．興味深いことに，高級食材トリュフ（*Tuber* spp.）の発生する樹木「トリュフツリー」の樹下では，植生が貧弱になる現象が知られており，これにトリュフの生産する揮発性物質（つまり食材としてのきのこの香り）や，オーキシンやエチレンなどの植物ホルモンが一部，関与しているのではないかと論じられている（Wener *et al.*, 2016）．

8.2.2　菌類の発する揮発性物質の菌類，バクテリアへの作用

菌類の発する揮発性物質として実に300近い物質が知られている一方で，菌類の敵，またはライバルとなるバクテリアや他の糸状菌に対する機能が明らかになっている物質は少なく，今後の研究の発展が待たれる分野である（Wener *et al.*, 2016）．人類が菌類を培養するための培地を作成する際や，きのこを栽培するための培地づくりの工程の中で高圧滅菌釜（オートクレーブ）を駆使しているのに対し，ハキリアリ（*Trachymyrmex* spp.）や養菌性キクイムシ（アンブロシアビートル）の一種（*Dendroctonus frontalis*）はバクテリアの生産する抗菌物質の働きを利用することで，高圧滅菌釜なんぞ使わなくても目的の菌を栽培することに成功している（Frey-Klett *et al.*, 2011）．我々は，もう少し謙虚な気持ちで自然を見つめ直す必要があるのではあるまいか？

食用きのこであるヒラタケ（*Pleurotus ostreatus*）の生産するマツタケオール，3-オクタノール，オクタノール，3-オクタノン，2-オクタノンなどの揮発成分は，バチルス属細菌の生育を抑制することが知られている（Beltran-Garcia *et al.*, 1997）．これらの揮発性物質は，ヒラタケ以外にも様々なきのこ類が発している物質なので，このような作用は他のきのこ類でも同様に検出される現象かもしれない．バクテリアは，糸状菌の発する揮発性物質に反応して泳ぎ方を変えることが見出されており（Wener *et al.*, 2016），低濃度では誘引，高濃度では忌避作用を示すなどの事例が報告されている（Wener *et al.*, 2016）．

菌類の発する揮発性物質の中には，同種および他種の糸状菌の制御に関与するものが知られている．きのこ類の発する揮発性物質として最も基本的で広く知られる物質にマツタケオールがある．この物質は，アオカビ属種（*Penicillium* spp.）の菌糸伸長を抑制し，胞子の発芽を抑制する機能をもつ（図8.1）ことが

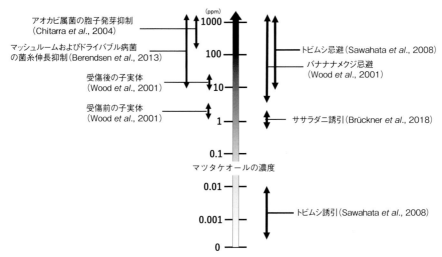

図8.1 各濃度のマツタケオールが菌類や土壌動物に及ぼす機能

明らかとされている（Okull *et al.*, 2003; Chitarra *et al.*, 2004）．またマッシュルーム（*Agaricus bisporus*）の病気の一つ，バーティシリウムドライバブル病の病原バクテリア（*Lecanicillium fungicola*）のマツタケオールによる胞子発芽抑制効果も報告されている（Berendsen *et al.*, 2013）．ただし，この報告では，同じマツタケオールの濃度で，病原菌とともにマッシュルームの菌糸まで生育速度が低下してしまう結果が示されている（Berendsen *et al.*, 2013）ので，実用化にはまだまだ研究が必要である．さらにブナハリタケ（*Mycoleptodonoides aitchisonii*）という甘い芳香のするきのこの生産する1-フェニル-3-ペンタノンには様々な植物病原菌の胞子発芽を抑える作用があり，また我々が普段食べている栽培きのこであるブナシメジ（*Hypsizygus marmoreus*）の発する揮発性物質にもキャベツ黒すす病菌（*Alternaria brassicicola*）の胞子発芽を抑える働きがあると報告されている（岡崎，2019）．このような機能はきのこ類に限らず，トリコデルマ属（*Trichoderma*）などの糸状菌類の発する揮発性物質でも植物病原菌を抑制する作用が報告されている（Wener *et al.*, 2016）ので，今後が期待される研究分野といえる．

8.2.3　菌類の発する揮発性物質の土壌動物への作用
光のない暗闇の世界で「におい」は非常に有力なコミュニケーションの手段の

一つとなる．土壌生物が暮らす，落葉や腐植，土壌粒子の隙間のような閉鎖的空間では，その中で揮発性物質を発することで，これを充満させ，「ガス室化」することは，さほど難しいことではないであろう．

そのためか，菌類が植物や微生物相手に行ってきた揮発性物質による化学戦略がここでも発揮される．センチュウは土の中で最も個体数の多い小型土壌動物の一つであるが，一部の種は植物寄生性センチュウとして農家の敵となっているため，この防除を目的とした研究の中で，糸状菌の発する揮発性物質の機能が調べられている．土壌菌であるフザリウム（*Fusarium oxysporum*）の中には，サツマイモネコブセンチュウ（*Meloidogyne incognita*）を不動化，または致死させる揮発性物質を生産しているものが知られている（Freire *et al.*, 2012）．またパン酵母（*Saccharomyces cerevisiae*）の出す 3-メチル-1-ブタノールと 2-メチル-1-ブタノールを主成分とした揮発成分はジャワネコブセンチュウに高い致死作用をもたらすことが明らかにされている（Fialho *et al.*, 2012）．興味深いのは，この 2 つの揮発性物質は，植物病原菌の生育抑制効果もあり（Fialho *et al.*, 2012），さらには植物に対して毒性を有する作用すらあることだ（Wener *et al.*, 2016）．つまり，パン酵母とよばれてはいるものの，実は，パンを膨らませる以外の働きもするのである．同様に，クロサイワイタケ科に属する *Muscodor albus* の生産する 1-ブタノール-3-メチル-2-アセテートなどを主成分とする揮発性物質はサツマイモネコブセンチュウへの致死作用をもつことが報告されている（Grimme *et al.*, 2007）．この *Muscodor albus* という菌類は，様々なバクテリアや糸状菌の生育を抑える作用をもつ揮発性物質を生産していることから，経済的な利用も期待されている（Strobel, 2006）．以上に述べてきたように，菌類が発するにおい物質のもつ機能に関する研究は，あまり盛んとはいえないのが現状であるが，今後，研究が進むことで，新しい発見が期待される分野といえよう．

ここで，もう少し大きな虫に話を移そう．トビムシは土壌中において（実は樹上においても）最も個体数が多い小型節足動物の一つで，その主な餌は微生物であることから，菌類にとっては「招かざる客」という存在である．当たり前かもしれないが，トビムシが糸状菌の発するにおいに誘引されることは，シロトビムシ科の一種（*Onychiurus armatus*）を用いた実験により証明されている（Bengtsson *et al.*, 1991）．ただし，トビムシが好んで摂食する菌類もあれば忌避する菌類も存在する（中森，2009）．マツタケ（*Tricholoma matsutake*）は，ト

ビムシに好まれない傾向があり，マツタケの主要な香り成分であるマツタケオールと桂皮酸メチルは，高濃度下において，ヒメツチトビムシ（*Proisotoma minuta*）の餌への集合を抑制する（図8.1）ことが知られている（Sawahata *et al.*, 2008）．その一方で，興味深いことにマツタケオールは，低濃度下において，餌に集まるヒメツチトビムシ個体数を増加させる傾向が示されている（図8.1）．マツタケオールは，様々な菌類が普遍的に発する揮発性物質の一つであるから，低濃度の場合には，これにトビムシやササラダニなど，様々な菌食性動物が誘引されるのは理にかなっているといえる（Davis *et al.*, 2013; Wener *et al.*, 2016）．こうしたマツタケオールによる誘引効果はトビムシばかりではなくササラダニの一種（*Scheloribates* sp.）でも報告されている（Brückner *et al.*, 2018）．Kaneda and Kaneko（2004）は菌根菌であるコツブタケ（*Pisolithus tinctorius*）の菌糸に対するオオフォルソムトビムシ（*Folsomia candida*）の嗜好性が菌根菌の活力が低下した際に高まることを報告しているが，このように菌糸の活力が低下した際にトビムシの嗜好性が高まる現象は，菌類の活力低下に伴ってマツタケオールのような揮発性物質の生産量が減少し，低濃度になることで，これにトビムシが刺激され誘引されて生じたと考えると，うまく説明できると思うがどうだろうか？

　このマツタケオール，高濃度でトビムシに忌避されるばかりではなく，高濃度下において糸状菌の胞子発芽を抑制し（図8.1），植物にも毒性を示すことも知られている（Wener *et al.*, 2016）．この事例も，菌類が発する一種の揮発性物質が，植物，菌類，動物というまるで異なる生物に，それぞれ異なる作用をもつという，不思議かつ奥深い生物の世界を垣間見せてくれている．マツタケオールについてもう少し書かせてもらうと，この揮発性物質は，外国において蚊を捕殺するトラップで，誘引源として用いられている（Kline, 1994）．一方，高濃度のマツタケオールはトビムシのような小さな虫ばかりではなく，バナナメクジ（*Ariolimax columbianus*）のような大型のナメクジに対しても忌避作用を有することも知られている（Wood *et al.*, 2001）．Wood ら（2001）はバナナメクジがヒカゲウラベニタケ（*Clitopilus prunulus*）の傘の一部しか摂食せず，途中で食べるのを止めて逃げ出す現象を見出した．そこで人工的に傷をつけた子実体の発するマツタケオールの濃度を測定したところ，無傷の子実体に比べて約19倍も高い濃度のマツタケオールを生産していることが判明した（図8.1）．実際にバナナメク

ジが忌避するマツタケオールの濃度を実験的に調べてみると，受傷した子実体の生産していた濃度よりも少し低い濃度から忌避反応を示す（Wood *et al.*, 2001）ことが明らかになった（図8.1）．マツタケオールは多くの菌類が生産する揮発性物質なので，同様の事象は他のきのこでも起きている可能性がある．実際，筆者は，きのこを摂食中のチャコウラナメクジ（*Ambigolimax valentianus*）が突然きのこの摂食を停止し，移動を始める現象をシイタケ（*Lentinula edodes*）やヒラタケで観察している．

　だいぶ話が外れたので，最後にトビムシに話を戻そう．「招かざる客」であるトビムシを揮発性物質で排除することに成功している菌類がある一方で，「招かざる客」を招いて返り討ちにし利用する菌類の存在も知られている．なんと菌根菌であるオオキツネタケは，揮発性物質によってトビムシを不動化させ，死んだトビムシを窒素源として取り込んで，共生相手の植物に送っていたことが分析によって明らかにされている（Klironomos and Hart, 2001）．これにより植物は菌根共生を通じて，間接的に食虫をしていたことになるという（Klironomos and Hart, 2001），何ともすごい話である．土の中という，目に見えない世界を構成する生物たちのつながりを知ることは，今まで見ていた地上の世界を，より正確に知ることにつながるのである．

8.3　トビムシ同士の化学の会話

　トビムシ，特に地表生種の中には，地表で集団活動するものが知られている（図8.2）．この集団活動は，新たな餌を求めるものであったり，新たな生息場所への移動を目的とするものであったり，種ごとに様々である．また集団活動が起こる季節も，種によって様々で，冬季に雪上活動するものも少なからず知られている．秋に集団活動をする種では，たくさんのトビムシ個体が地表を移動する際，落ち葉を蹴って跳躍する音がパラパラパラパラと，あたかも雨が降っているか

図8.2　集団で地表活動を行うエビガラトビムシ（*Homaloproctus sauteri*）（カラー口絵2参照）

のような音が聞こえる．こうして1日に数〜数十m，中には太陽コンパスを使って雪上を1日に300mも移動して湖を横断したという報告もある（Leinaas, 1981; Hågvar, 1995, 2000）．一日中ものも食べずに雪の上を300mも移動するなんて，体長1mm程度の虫のどこにこんなバイタリティーがあるのかとただただ驚くばかりである．

　そしてこのトビムシの集団化には，集合フェロモンの関与が示唆されている．トビムシの集合フェロモンの存在は，マルトビムシ亜目とミジントビムシ亜目を除いたすべての亜目のトビムシで知られており（Salmon *et al.*, 2019），物質名が明らかになっているものとして，パルミチン酸や（*Z*）-11-ヘキサデセン酸，オレイン酸などの脂肪酸が報告されている（Salmon *et al.*, 2019）．しかし，集合フェロモンの存在を示している論文の多くは，トビムシの集合行動に基づいたものであり，その物質の特定にまでは至っていない．研究者たちは，水溶性の物質，水やアセトンよりもメタノールによく溶け，ヘキサンには溶けない物質，またシクロヘキサンやヘキサン，ジクロロメタンに溶ける物質などを報告しており，いろいろな物質がトビムシの集合に関与していることがうかがわれる（Salmon *et al.*, 2019）．実際，様々なトビムシを飼育していると，トビムシによって，飼育容器の蓋を開けたときに特有のにおい，甘いにおいだったり，油脂のようなにおいだったり，……がするものである．今後研究が進めば，いろいろ明らかになってくるのであろうが，微量で効果のあるフェロモン類の検出には，大量のトビムシサンプルを必要とすることもあり，なかなか研究が進んでいないのが実際である．トビムシの化学生態に関する研究の進展のためには，まず人工飼育下におけるトビムシの大量増殖のための技術開発が必要と考えられる．

8.4　化学兵器をもつトビムシ

　トビムシ，特にムラサキトビムシ科のトビムシが集団活動している現場に踏み込んだ際，足元からプ〜ンと漂ってくる，ムッとするような特有のにおいがある．ジメトキシ安息香酸のにおいである．ムラサキトビムシ科のウスズミトビムシ（*Ceratophysella denticulata*）では，警報フェロモンとして3-ヒドロキシ-4, 5-ジメトキシ安息香酸，4-ヒドロキシ-3, 5-ジメトキシ安息香酸が見出されている（Bitzer *et al.*, 2004）．警報フェロモンは，危機が迫ると発する揮発性物質で，他

　のトビムシに危機を知らせるとともに，忌避物質として捕食者に作用する防御に
も役立つ化学物質である．一般的に，動きの鈍いトビムシがこのような化学兵器
を身にまとっており（図8.3），その際たるものが，シロトビムシ科とイボトビ
ムシ科に属するトビムシで，この分類群に属するものの多くが，敵から逃げるた
めの武器である跳躍器をもたないメンバーから構成されている．跳べない跳び虫
なんて，なんだか矛盾を感じてしまうが，このように感じた人は昔からいたよう
で，シロトビムシ科のトビムシの別名にトビムシモドキがある．話を戻すと，跳
べない跳び虫であるイボトビムシ科のトビムシ数種（*Neanura* spp.）はレソル
シノールジメチルエーテルを警報フェロモンとしており（Porco and Deharveng,
2007），この防御物質に対し，捕食性のダニは忌避反応を示すことが明らかにさ
れている（Messer *et al.*, 2000）．筆者は，ムラサキトビムシ（*Hypogastrura
communis*）を飼育していた際，飼育容器内に混入したトゲダニ類の一種
（Gamasida Fam. sp.）が，ムラサキトビムシを鋏角で突き刺した瞬間，後ずさり
し，その後しばらくは，他のムラサキトビムシ個体が近づいてきても，見向きも
しなかったのを目撃している．
　シロトビムシ科やイボトビムシ科のトビムシ中には，針などでちょっと刺激を
与えると，体表から液滴を分泌する種があり，このような形で何らかの化学防御
物質を発して敵から身を守ろうとしていることがうかがわれる（図8.3）．シロ
トビムシ科の大型種，エビガラトビムシ亜科の *Tetradotonphora bielanensis* は，

図8.3　「かかってこいよっ！」トビムシによる化学防衛（イラスト：りゅう）（カラー口絵1参照）

跳躍器を有し，跳ぶことのできるトビムシであるが動きは鈍く，そのかわりに敵に対して液滴を分泌することができる．この液滴に含まれる物質は，トビムシの捕食者であるマルクビゴミムシ属の甲虫（*Nebria brevicollis*）に忌避作用を起こさせることが実験により証明されている（Dettner *et al.*, 1996）．この忌避物質による作用は強烈らしく，ゴミムシはその捕食行動を瞬時に停止し，ただちに大顎を洗浄する行動を起こしたと記述されている．これと似た事例は，ムラサキトビムシ科の *Ceratophysella sigillata* を捕食しようとしたカニムシ（*Neobisium muscorum*）でも報告されており，捕らえたトビムシを放し，挟んでいた鋏（触肢）を開いて床に擦りつけて洗浄する行動が画像により示されている（Zettel and Zettel, 2008）．トビムシに対する忌避作用は，昆虫など無脊椎動物ばかりか脊椎動物にも及ぶものがあり，水辺で暮らすミズトビムシ（*Podura aquatica*）はマダラケシカタビロアメンボ（*Microvelia reticulata*）のみならず，カダヤシ（*Gambusia affinis*）という小型魚にまで忌避されることが報告されている（Messer *et al.*, 2000）．このようなトビムシの捕食者に対する化学防御に関する研究から，害虫に対する新しい薬剤の発見につながる可能性もあり，今後，さらなる研究が望まれる．　　　　　　　　　　　　　　　　　　　〔澤畠拓夫〕

主な参考文献

Bitzer, C. *et al.*, 2004. Benzoic acid derivatives in a hypogastrurid collembolan: Temperature-dependent formation and biological significance as deterrents. *J. Chem. Ecol.*, **30**, 1591-1602.

Davis, T. S. *et al.*, 2013. Microbial volatile emissions as insect semiochemicals. *J. Chem. Ecol.*, **39**, 840-859.

Messer, C. *et al.*, 2000. Chemical deterrents in podurid Collembola. *Pedobiologia*, **44**, 210-220.

Salmon, S. *et al.*, 2019. Chemical communication in springtails: A review of facts and perspectives. *Biol. Fertil. Soils*, **55**, 425-438.

Wener, S. *et al.*, 2016. Belowground communication: Impacts of volatile organic compounds（VOCs）from soil fungi on other soil-inhabiting organisms. *Appl. Microbiol. Biotechnol.*, **100**, 8651-8665.

第9章
ヤスデとダニの化学防衛

　土壌動物に興味をもっている方であれば，ヤスデに触れると独特の嫌なにおいがすることをご存じの方が多いと思う．触ると手に黄色い汚れが付くものもあり，ヤスデは同じ土壌動物の中でも体を丸めてじっと危機が去るのを待つだけのダンゴムシとは一線を画す生き物である．ヤスデを刺激すると体の外に放出される毒は「防御物質」とよばれ，この物質を使って外敵から自身を守る手段を化学防御という．ヤスデは腐植食であり動きは比較的緩慢なのに比べて，ムカデはかみつくし顎に毒をもつのであまり易々とは手に取れないとは思うが，ヤスデの毒と同じかあるいはよく似た物質を防御物質として利用している（Vujisić *et al.*, 2013）．ヤスデに関する防御物質に関する研究は昔から行われてきたので，すでに多くの知見が蓄積されている（Eisner *et al.*, 2005）．

　もともと生き物大好き人間ではなかった筆者が土壌動物の研究に取り組み始めた当初，ある研究者からザトウムシの話を聞く機会があり，それがどのような生き物かすぐに思い出せなかった．ザトウムシの外見はクモに似ているが，クモよりも脚が長く頭胸部と腹部の間にくびれがない．調べてみるとザトウムシにも防御物質が知られているが，ヤスデやムカデの毒ほど強力なものではない．他に同じクモガタ類であるサソリモドキについても付け加えておこう．名前のとおりサソリに似ているが，系統学的には近縁ではなくクモに近い．日本では主に九州南部から沖縄に生息しているとされているが，本州や四国でもたびたび発見されているようである．鹿児島から南では，石をめくると意外に簡単に見つかる．特徴としてサソリのように捕食するための立派なハサミをもち，腹部の後端に長い針のようなものが付いている．サソリには毒針があるが，サソリモドキは驚かすと針のようなものの先端から高濃度の酸性の物質（主に酢酸）を噴射する．一度噴

射すると，あたり一面に酸っぱいにおいが立ちこめる．

ダニやトビムシなどのもっと小さな土壌動物にも目を向けてみよう．土壌性のダニといえばササラダニであり，自然環境中のありとあらゆる場所に生息する生き物である．目視ではその存在をほとんど確認できないほど小さいが，防御物質に関する研究において興味深い発見がいくつか報告されている．例えば，中南米のヤドクガエルの毒成分が京都大学の植物園のダニから検出されたことや，ヤスデに特有の防御物質と思われていた毒成分が，新たにドイツのダニから見つかったことなど，未開拓であった部分にスポットライトが当たりつつある．本章では防御物質に関してこれまで特に報告例が蓄積されてきたヤスデと，これからさらなる研究の進展が期待できるダニについての話題を紹介させていただく．トビムシについては前章で防御物質について述べられているのでそちらをご一読いただきたい．

9.1 ヤスデの化学防衛

9.1.1 様々なヤスデの防御物質

ヤスデ（ヤスデ綱 Diplopoda）の体は細長く，胴部には多くの体節をもち，1つの体節に通常 2 対の歩肢があり最も脚の多い生き物である．ムカデ（ムカデ綱 Chilopoda）との違いは，1つの体節にある歩肢が通常 1 対なのがムカデ，2 対なのがヤスデである．ムカデは他の動物を食べる捕食性で，動物を捕らえるために大顎に毒腺をもち動きは敏捷であるのに対して，ヤスデは腐植質を食べ動きは緩慢である．ヤスデは人に直接的な危害を加えることはないが，刺激すると各体節から好ましくないにおいを分泌する．この液滴が敵に攻撃されたときに出す防御物質であり，捕食性動物に対して忌避効果をもつ．すべてのヤスデが防御物質をもっているわけではなく，フサヤスデ目とツムギヤスデ目には分泌腺が確認されていない．また，防御物質の種類も分類群ごとに違いがあり，スジツムギヤスデ目はp-クレゾールなどのフェノール類，オビヤスデ目は青酸やシアン化合物，フトマルヤスデ目，ヒキツリヤスデ目，ヒメヤスデ目はベンゾキノン類，タマヤスデ目はキナゾリノン類，ジヤスデ目はアルカロイドとそれぞれに特徴がある（桑原，1999；Shear, 2015）（表 9.1）．ヤスデの防御物質はアリをはじめハンミョウ，クモ，カエル，トカゲ，鳥，ネズミ，バッタネズミ，オポッサム，アルマジロ，

表9.1　ヤスデの主な防御物質と分泌腺成分（Shear, 2015 をもとに作成）

目	分泌物
スジムツジヤスデ目	*p*-クレゾールなどのフェノール類
タマヤスデ目	グロメリン，ホモグロメリンなどのキナゾリノン類
ヒメヤスデ目	ベンゾキノン類，ハイドロキノン類，脂肪族化合物，フェノール類
オビヤスデ目	青酸，マンデロニトリルなどのシアン化合物，フェノール類
ジヤスデ目	ポリゾニミン，ニトロポリゾナミンなどのアルカロイド
フトマルヤスデ目	ベンゾキノン類，ハイドロキノン類
ヒキツリヤスデ目	ベンゾキノン類，ハイドロキノン類

イヌなど多くの生き物でその忌避効果が確認されている（Eisner *et al.*, 1978）．

9.1.2　青 酸 の 話

　青酸といえばサスペンスドラマなどでたびたび耳にする青酸カリを思い出すが，そんな毒性の高い物質をヤスデがつくっているのには驚かされる．厳密にいえば青酸の化学式は HCN で気体であり，青酸カリは KCN で固体である．毒性の原因は水に溶けると生じる CN⁻ で，これは体内の金属イオンと結合してしまうことで本来の正常な機能が妨げられて障害を生じる．ある報告によると，体重約1gのヤスデがつくり出す青酸は 600 µg（0.6 mg）で，この量は 300 g のハトの致死量の 18 倍，25 g のマウスの 6 倍，25 g のカエルの 0.4 倍，ヒトの 0.01 倍に相当する（Eisner *et al.*, 1967）．

　他の生き物よりも耐性があるとはいえ，さすがのヤスデでも体内に青酸そのものを蓄えることができないので，もっと安全なマンデロニトリルの形で分泌腺の貯蔵嚢（reservoir）に貯めている．分泌腺は貯蔵嚢と反応室（vestibule）に分かれており，境界にある筋肉組織化した弁（valve）でそれぞれが隔離された構造になっている．ヤスデが危機的な状況になると，体の筋肉を強く収縮させることで弁が開放して，マンデロニトリルが反応室に入る．反応室にはリアーゼとよばれる酵素が存在して，マンデロニトリルはその酵素の作用で青酸とベンズアルデヒドに分解されて体外に放出される．副生成物のベンズアルデヒドもアリに対して忌避効果をもっているので無駄がない．ミイデラゴミムシ（通称ヘッピリムシ）は尾端からガス状の強烈な防御物質を噴射することで有名であるが，こちらもヤスデとよく似た分泌腺の構造をもっている．貯蔵嚢にはハイドロキノンと過酸化水素が含まれており，刺激することで両物質が反応室に流れ込む．反応室の酵素の働きでハイドロキノンが爆発的に酸化されてベンゾキノンとなり，勢いよ

くガス状態で噴射される.

　ここからもう少し化学的な話に踏み込むが，オビヤスデ目のヤスデの防御物質は主にマンデロニトリルのみのものと，マンデロニトリルに加えてシアン化ベンゾイルをもつものに大別できる．シアン化ベンゾイルはマンデロニトリルの酸化物である．シアン化ベンゾイルは加水分解反応により青酸を生じるが，シアン化ベンゾイル自体も捕食者に対して防御効果をもつことが知られている．そして，青酸を生じるもう一つの新たな経路が見つかっている．それはマンデロニトリルとシアン化ベンゾイルが反応することで青酸を生じるというもので，その副生成物はマンデロニトリルベンゾエートである（Kuwahara *et al.*, 2011）．このような形式の反応は有機化学の教科書的には Schotten-Baumann 反応とよばれている．この反応は酵素の助けを借りなくても pH が変化するだけで自然に進行する．ヤスデは青酸の発生方法を知り尽くした優秀な合成化学者のようである（図 9.1）.

　近年はヤスデの青酸生産能を応用的に利用する研究が行われている．これまでは化学生態学者によってヤスデがどのように青酸をつくり出しているか，物質そのものあるいは合成経路を明らかにする研究が行われてきた．それが新たに化学反応を触媒する酵素に焦点が当てられている．すなわち，マンデロニトリルを分

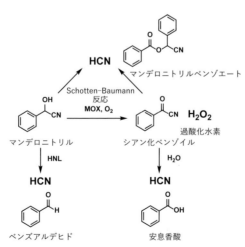

図 9.1　オビヤスデ目ヤスデにおける青酸の生成機構
（Kuwahara *et al.*, 2017 をもとに作成）
HNL：ヒドロキシニトリルリアーゼ，MOX：マンデロニトリルオキシダーゼ.

解して青酸を産生する酵素リアーゼに関する研究である（図9.1）．マンデロニトリルを含むシアノヒドリン（同じ炭素原子にヒドロキシ基（-OH）とシアノ基（-CN）が結合した化合物の総称）は産業的に見れば貴重な合成中間体である．それらの化合物をできるだけ環境に負荷を与えず，安全かつ低コストに供給するための方法として生体触媒の利用が考えられる．生体内で起こる反応を触媒するため，有機溶媒を使用する必要がなく，かつ反応条件も温和（極端な高温，低温条件を必要としない）である．その観点からヤスデのリアーゼが注目されたわけである．

　酵素というのは生体内での存在量がごくわずかであるため，古典的な方法で酵素を集めるには大量の材料を必要とする．国内で大発生していたヤンバルトサカヤスデを約30 kg集めて酵素の精製が行われた．大量のヤスデをすり潰すのはあまり想像したくないが，そのにおいに耐えながらの作業はかなりの忍耐力が必要であっただろう．その甲斐があって，精製したヒドロキシニトリルリアーゼは産業利用されている従来の植物由来のものよりも高い触媒活性をもっていた（Dadashipour *et al.*, 2015）．また，高温や酸性あるいはアルカリ性のpH変化にも比較的安定であったため，このヤスデ由来酵素の産業利用が進むものと期待される．

　もう一つ大きな疑問であったのは，マンデロニトリルはオビヤスデ目の防御物質の共通の成分である一方，シアン化ベンゾイルが検出される種と検出されない種があることである．シアン化ベンゾイルにより青酸が生成される仕組みについては前述のとおりであるが，マンデロニトリルからシアン化ベンゾイルがどのように合成されているかについては不明であった．その反応に関わる酸化酵素も近年，全く新しいシトクロムP450として特定された（Yamaguchi *et al.*, 2017）．面白いのはこの酸化反応には分子状酸素が使われるが，反応後に生じる過酸化水素が病原性細菌に対する"消毒液"として働いている可能性が示された（Kuwahara *et al.*, 2017）（図9.1）．筆者もこの酸化反応に注目しており，死亡した虫体の体表でもこの反応が見られたため，酸化酵素は分泌腺内というよりは体表に存在する可能性がある．このようにヤスデ由来の酵素にはこれまで見つかっている従来のものとは異なるアミノ酸配列であったり，機能的に優れた特徴がみられたりする．これまで微生物や植物の機能を活かす研究は精力的に行われてきたが，動物の機能に注目した研究は比較的少なかった．ヤスデの酵素研究を皮切

りとして，土壌動物のもつ未知なる機能が社会の役に立つ日が来ることを期待する．

9.1.3　ベンゾキノンの話

　次にマルヤスデ目，ヒキツリヤスデ目，ヒメヤスデ目で見つかるベンゾキノンについて紹介する．ヤスデの防御物質を抽出するためにヘキサンなどの有機溶媒にヤスデを投入すると，苦しくて身悶えながら防御物質が放出されて，溶液の色が黄色に染まる．色を見ただけで容易にベンゾキノンを放出したことがわかり，もしこの物質が皮膚に付くと黄色く変色した後，だんだんと茶色っぽいシミになる．希薄であると特に強烈な痛みを感じるようなことはない．ベンゾキノンは昆虫でも報告例は多数あり，ハサミムシ，シロアリ，ゴキブリ，バッタ，甲虫類などの防御物質の分泌腺から見つかっている（Eisner *et al.*, 2005）．ベンゾキノンの分泌量を見てみると大型のマルヤスデ目やヒキツリヤスデ目で200〜300 mgという大量のベンゾキノンをもつものがいる．小型のヒメヤスデ目であると1 mgほどのベンゾキノンを含有する．西表島や石垣島に分布する日本最大級のヤスデであるヤエヤママルヤスデもベンゾキノンを放出する（清水ほか，未発表）．体長は10 cm弱で赤と黒の縞模様が鮮やかな種で，木の幹を這っているので発見するのは難しくはない．古くからその存在が知られているにもかかわらず，いまだに学名が付けられていないのは不思議である．

　次にベンゾキノンの防御効果と生合成について見てみよう．ヤスデはアリ，甲虫類，捕食性の昆虫，クモ，ナメクジをはじめ（Herbert, 2000），視覚の発達した鳥類，哺乳類，爬虫類，両生類など脊椎動物の攻撃を受けると考えられる（Cloudsley-Thompson, 1949）．よく調べられているのはアリに対する忌避効果であろう．砂糖を摂食中のアリの近くにベンゾキノンを提示するとすぐに分散する現象がみられる．

　ヤスデの防御物質の中でも特にベンゾキノンは，捕食性昆虫の一般的な化学受容器を強く刺激することや，脊椎動物に対しては粘膜や眼だけではなく無傷の皮膚にも刺激を与えることがわかっている．ベンゾキノン類の中でも2-メチル-3-メトキシ-1,4-ベンゾキノンが多くのヤスデから見つかるが，それ以外にも多様なベンゾキノンとハイドロキノンの類縁体が報告されている（Shear, 2015）．ハイドロキノンを出発原料とした生合成が提案されているが，もとのハイドロキノ

ンはチロシン，p-ヒドロキシ安息香酸からつくられることが示唆されている（Deml and Huth, 2000）．一方，ベンゾキノンはチロシンからフェノールやアルブチンを経由して合成される（Duffey and Blum, 1977）．

　ベンゾキノンとハイドロキノンは通常，固体であるためどのように体外に分泌されるか知られていなかった．筆者らは日本産のヒメヤスデ目の小型のヤスデの一種（Anaulaciulus sp.）からキノン類のほかにラウリン酸エステルを主成分とする10種以上の脂肪酸エステルを検出した．はじめは昆虫の体表に見られるワックス成分と考えられたが，間違いなく防御物質の分泌腺からキノン類と一緒に放出されていた．よってヤスデは防御物質を液体として効果的に分泌するために脂肪酸エステルを溶媒代わりに利用していることが新たに判明した（Shimizu et al., 2012）．キノン類を防御物質とするヤスデからはそれまでも脂肪族化合物が一緒に検出されていたが，体表に存在するワックス成分として解釈されていた（Tatjana et al., 2014）．キノン類を放出する昆虫でも脂肪族化合物を一緒に放出する例は見られる．

9.1.4　珍しい防御物質の話

　ヤスデにだけ見つかる防御物質がいくつかある．まずはタマヤスデ目のもつキナゾリノンアルカロイドである．少なくともタマヤスデ科の2種からグロメリンとホモグロメリンが新規化合物として見つかっているが，これらはクモに対して強力な鎮静作用を示す（Carrel and Eisner, 1984）．他の報告例としては類似の構造をもつ物質は植物から見つかっており，また天然物ではないが医薬品として使われている催眠鎮静薬メタカロンもキナゾリノンである．タマヤスデはまたキナゾリノンのほかに，アリが触れると絡まって身動きができなくなるベタベタする粘着性のタンパク質を分泌する（Shear, 2011）．グロメリンとホモグロメリンはアミノ酸の一種アントラニル酸が生合成の前駆物質とされたが，アントラニル酸の由来は不明である（Schildknechte and Wenneis, 1967a, 1967b）．次にジヤスデ目から見つかる含窒素複素環式化合物があげられる．ポリゾニミンやニトロポリゾナミンもヤスデ由来の新規化合物であり（Smolanoff et al., 1975; Meinwald et al., 1975），ポリゾニミンは構造に類似点はないが強い樟脳臭がするらしい．これらはキノン類と同様，アリに対する忌避作用をもつ．その後，新たに発見されたブゾナミンもアリに対する忌避作用が報告された（Wood et al.,

2000). 徳島県の杉林で採取されたジヤスデ目イトヤスデ科のオカツクシヤスデ (*Kiusiozonium okai*) からは, ポリゾニミンとニトロポリゾナミンに加えてヤドクガエルの毒成分であるのスピロピロリジン 236 が見つかった (Kuwahara *et al.*, 2007).

9.2 コナダニとササラダニの化学防衛

9.2.1 ダニという生き物

ダニが防御物質を利用していることは, おそらくヤスデほど有名な話ではない. まず普段の生活であの 1 mm にも満たない小さなダニを見つけるというのは至難の業であるから, きちんとその姿を見たことがない方が大半だろう. 筆者も大学院で研究を始めるまではダニを見たこともなければ, 意識したこともなかった. しかし研究のために飼育してみると, ダニというのは何とも不思議であり, かつ魅力的な生き物であることを実感した. 本節ではまず防御物質を含めダニが放出する多様なにおいに注目し, 次にそれらがもつ働きについて概説する. また, 近年明らかにされつつある化学防御に関する新しい知見をいくつか紹介しよう.

ダニと聞いてすぐに思い浮かぶのが吸血性のマダニ (マダニ類 ticks, Ixodida) であろう. 吸血後は体重が 100 倍ほどになるらしく, あの体がパンパンに膨れ上がった姿を見ると, 二度と忘れることはない. マダニは致死率の高い重症熱性血小板減少症候群 (SFTS) を媒介しているため, 近年特に日本で警戒されている. 本節の話の中心はそのような吸血性のダニではなく, カビを食べたり, 落ち葉を食べたり, 腐植質を食べたりして普段は穏やかに暮らしているコナダニ (コナダニ類 Astigmata) とササラダニ (ササラダニ類 Oribatida) である. 一方で, コナダニの中には一部, 社会で問題視されている種もいる. 例えば, ケナガコナダニは味噌, 乾物, ミックス粉などの食品に大発生するため, 誤って食べてしまうとアナフィラキシーを起こす危険性がある. 家屋内の塵の中に見つかるのは, チリダニ科のコナヒョウヒダニとヤケヒョウヒダニである. これらは気管支喘息やアレルギー性鼻炎など呼吸器アレルギー疾患のアレルゲンとなるため, 特に嫌われている. 農作物にはケナガコナダニ属とネダニ属による被害がよく知られている.

9.2.2　フェロモンの話

　昆虫のにおいの研究，特にフェロモンの研究は歴史が深く，フランスのファーブルの時代にさかのぼる．フェロモンは1914年にファーブルによって初めてその存在が示されたが，当時は物質を特定する技術はまだなかった．世界初となるカイコガの性フェロモンの化学構造が決定されたのは，ファーブルの発見から約半世紀後ということになる．ドイツのブテナントが50万匹のカイコガの未交尾雌から，雄を誘引する性フェロモンをついに特定した．養蚕業の盛んだった日本から，その研究用に大量のカイコガが提供されたそうである．昆虫での発見を皮切りに，フェロモンは陸上の哺乳類や鋏角類のほかに，魚類や甲殻類など様々な動物でその存在が示されている（Wyatt, 2014）．

　フェロモンとは一体どういう物質を指すのであろう．生物が体外に分泌して，その物質が同種の他個体の行動や生理機能に特有の反応を引き起こす物質をフェロモンとよぶ．フェロモンは一般的にごく微量で作用し，種特異性が高い．ホルモンと混同されることが多いが，ホルモンは体内の特定の器官で分泌されたものが他の器官に作用を及ぼすものを指す．自分自身に作用するのがホルモン，他個体に作用するのがフェロモンなので，作用する相手が異なる．今から約45年前，桑原博士の研究グループは，昆虫で見つかるようなフェロモンがコナダニにも存在することを突き止めた．ケナガコナダニの1匹を潰したところ，特有の青臭いにおいを感じたので，そのにおいを別の集団に近づけた．すると，そのにおいから遠ざかろうとする逃避行動が見られたことから，警報フェロモンの存在に気付き，そのにおいの正体をギ酸ネリルと決定した（Kuwahara *et al.*, 1975）．ダニには昆虫のような触角が見当たらないので，どの器官でにおいを感じているかはまだ不明な点が多いが，今のところ前脚でにおいを知覚しているというのが有力な説である．カイコガなどの昆虫ではフェロモンの受容に関する研究が進展しているので，将来的にはコナダニでも新たな発見があるかもしれない．フェロモンに関する知見は蓄積され続けており，これまで少なくともコナダニの9科64種について19種から警報フェロモン，14種から性フェロモン，4種から集合フェロモンが同定されている．

9.2.3　コナダニフェロモンの抗カビ活性

　警報フェロモンのネラールはレモンの香りとしても知られているが，強力な抗

カビ活性をもっている．ネラールとその幾何異性体であるゲラニアールの平衡混合物をシトラールとよぶが，植物の精油成分してよく報告されている．コナダニは不思議なことにシトラールの一方の成分であるネラールだけを積極的に合成して，フェロモンとして利用している．何か生物学的な理由があるのかはわかっていないが，事実としてゲラニアールがフェロモンとして見つかる例は極めて少ない．栄養条件が整った環境ではコナダニは容易に大発生することから，カビなどが生えやすい環境ではネラールなどの抗カビ物質は有効に働くと思われる．

ネラールよりも遥かに抗カビ活性の高いコナダニ特有の成分 α-アカリジアールと β-アカリジアールも，フェロモンとしての機能が報告されている．コナダニは放出したにおいをフェロモンとしてだけではなく，抗カビ剤としても巧みに利用していることになる．このような現象は昆虫でも知られており，「フェロモン・パーシモニー」という考え方が提唱されている（Blum, 1996）．もともと外敵に対する防御物質として機能していた物質が，進化の過程でフェロモン機能も獲得するに至ったとする説である．例えば，ヤマトシロアリの兵隊アリに特有の物質（−）-β-エレメンが，働きアリから兵隊アリへの分化を抑制する「兵隊フェロモン」として機能していることに加えて，昆虫病原糸状菌の成長を抑制する作用も担うことが明らかにされている（Mitaka *et al.*, 2017）．コナダニで考えた場合，もとはカビに対抗するために利用していた物質群が，進化の過程でフェロモンとしての機能を獲得したのではないだろうか．フェロモン・パーシモニーは繁殖や生存を有利に働かせるための効率的なシステムといえるだろう．

余談ではあるが，コナダニでは単一の化合物が2種類の異なるフェロモン活性をもつ例が知られている（清水, 2018）．ネダニモドキ属 *Sancassania polyphyllae* の雄の交尾行動を活発化させる性フェロモン β-アカリジアールは，餌がない状況では集合フェロモンとして働く（Shimizu *et al.*, 2001）．一方，プールミズコナダニが放出するネラールは，高濃度では逃避行動を引き起こす警報フェロモンとして，低濃度では性フェロモンとして機能する（Nishimura *et al.*, 2002）．このようなフェロモン放出量の違いでダニが異なる行動を起こす例はホウレンソウケナガコナダニでも見られる．高濃度では警報フェロモンとしての機能をもつ (*S*)-イソピペリテノンは，低濃度にすると交尾が活発化する性フェロモンに変化する（Maruno *et al.*, 2012）．このようにコナダニは，同じにおいでも生理状態や濃度によって発現する行動が変化する．

9.2.4 ササラダニのフェロモンの話

コナダニの研究を追随するように近縁のササラダニでもフェロモンが見つかっている．コナダニは餌と湿度を整えれば比較的容易に繁殖させることができるが，ササラダニの繁殖速度は極めて遅いため，分泌成分の化学分析や行動試験に必要となる頭数の確保が難しい．よって野外でどれだけ多くの頭数を採集できるかが，ササラダニのフェロモン研究進展のポイントとなる．最初の発見はヨコヅナオニダニ（現在のアジアオニダニ *Nothrus asiaticus*; Aoki and Ohnishi, 1974）の若虫が分泌する警報フェロモンはゲラニアールであった（Shimano *et al.*, 2002）．成虫からはゲラニアールが検出されないので，生育ステージが進むと代謝システムが切り替わるのであろう．それとは対照的にコナダニでは，若虫と成虫とでは分泌成分のプロフィールに大きな違いは見られない．2例目はオーストリア産のササラダニの一種 *Collohmannia gigantea* においてネラールと 2, 6-HMBD (2-hydroxy-6-methylbenzaldehyde) に警報フェロモン活性が認められた（Raspotnig, 2006）．こちらはネラールが成虫と若虫の共通成分であるのに対して，2, 6-HMBD は成虫特有の成分であった．さらに捕食者と仮定したハネカクシに対して顕著な防御効果を示した．タテイレコダニ科からは興味深い防御物質が見つかっている．それはハムシ類の防御物質として知られるイリドイドの一種クリソメリジアールで，アリに対する忌避効果が高い反面，鳥にはあまり効果がないといわれている（Shimizu *et al.*, 2012）．クリソメリジアールはコナダニから報告例がないためササラダニに特有の物質なのかもしれない．ハムシで見つかる物質と立体的な化学構造が一致するのか，またその生合成や合成酵素など興味は尽きない．

9.2.5 ササラダニの毒の話

最後にササラダニから発見された驚くべき毒について紹介する．筆者がまだ大学院生であった頃，研究室ではコナダニの新しいフェロモンの発見が相次いでいた（Kuwahara, 2004）．それに対してササラダニの外分泌物に関する研究は開始してまだ間もない頃で，とにかく，野外からできるだけ多くの種類のダニを集めて化学分析するという基礎的な研究が行われていた．大学構内の土壌を運んできてツルグレン装置を使って分離したダニを，ルーチンワークのようにガスクロマトグラフ質量分析装置（GC/MS）で分析していた大学院生がいた．その大学院

生はマススペクトルを見て中南米に生息するヤドクガエルの毒成分に似ていることに気がついた。ヤドクガエルの毒といえば、フグ毒のテトロドトキシンよりも強力なバトラコトキシンがよく知られている。大学院生からその話を聞かされたときはスペクトルのよく似た異なる物質であろうとすぐには信じられなかった。何といってもヤドクガエルは日本にはいないのだから。京都大学構内の植物園のダニに加えて、共同研究者から送られてきたアヅマオトヒメダニにもヤドクガエルの毒と思わせる成分が見つかった。このようなことから、当時の指導教員は信憑性が高いと判断したのであろう、大学院生が毒成分の一つであるプミリオトキシン237Aの化学合成に取り組み始めた。苦労して合成した物質は、無事にササラダニから検出されたものと一致した。オトヒメダニ属ダニ2種からプミリオトキシン237Aのほかにもプミリオトキシン251D、プレコクシネリン193C、デオキシプミリオトキシン193Hなどヤドクガエルで見つかる毒成分の検出に見事に成功した（Takada *et al.*, 2005）。面白いことに若虫の分泌物中にそれら毒成分が見つからないことから、成虫になって初めて体内で毒の合成が始まると考えられる。すなわち自身で毒を合成する能力があることを示唆していた。日本でもヤドクガエルはペットショップで販売されており、そのヤドクガエルに毒はないので、生息環境中で捕食した餌の毒を生物濃縮しているのだろう。それまでヤドクガエルの毒の起源はアリやテントウムシなどの甲虫と考えられてきたが、この大発見でササラダニが毒源である可能性が一気に高まった。

そこで最も知りたいのは実際にヤドクガエルが生息している地域に、毒を生産しているササラダニがいるかどうかということであろう。ヤドクガエルの毒研究で有名なDaly博士のグループとNotron博士をはじめとするササラダニの研究者が、現地のパナマとコスタリカに赴きササラダニの採集および化学分析を行った。その結果、ヤドクガエルの毒成分と一致する80種類ものアルカロイドをササラダニから検出した（Saporito *et al.*, 2007）。この研究によりササラダニが確かに毒の生産者であり、ヤドクガエルはこれらを捕食して毒化していることが強く示唆された。さらに驚くべきことに、これまで知られている800種類以上のヤドクガエルの毒成分のどれとも一致しない物質が、ササラダニから40種類ほど見つかった。このことからササラダニはヤドクガエルのほかにも、アルカロイドが検出される節足動物など捕食動物の毒源にもなっている可能性がある。ところで、前述の日本産のオカツクシヤスデからもヤドクガエルの毒成分が見つかって

いることから，まだ知られていないだけで，ササラダニやヤスデを捕食してヤド
クガエルの毒を貯蔵する捕食動物が日本にいても不思議ではない．

　さて，ササラダニが防御物質を分泌しても，多くのコケムシ（ハネカクシの仲
間）がササラダニを好んで，鋭い大顎で穴を開けて貪欲に食べることが知られて
いる（Jałoszyński and Olszanowski, 2016）．強力な防御物質はともかく，一般
的な防御物質がササラダニから分泌されているのに，なぜササラダニは捕食され
てしまうのだろうか．Heethoff and Rall（2015）は，ササラダニが防御物質を分
泌することによって，捕食者が一瞬ひるむことがダニの生存確率をあげているこ
とを示した．ササラダニから出される一般的な防御物質は，完全に捕食者を遠ざ
けてしまうのではなく，一瞬ひるませる効果があり，捕食を逃れるためにはその
ことが有利に働く．

9.2.6　ササラダニから青酸の発見

　近年，ササラダニからヤスデのように青酸を放出する種が発見された．青酸は
植物では配糖体のような安定な形で蓄積されているが，動物ではすでに紹介した
ように主にヤスデやムカデなどの多足類で検出されている．多足類はマンデロニ
トリルの形で体内に青酸を蓄えるが，新たに見つかったコイタダニ属ダニはマン
デロニトリルヘキサノエート（マンデロニトリルのヘキサン酸エステル）として
分泌腺内に蓄える（Brückner *et al.*, 2017）（図9.2）．マンデロニトリルヘキサノ
エートから青酸が生成する2つの経路が提唱されている．まずマンデロニトリル
ヘキサノエートが酵素などにより酸化反応が起こってシアン化ベンゾイルとヘキ

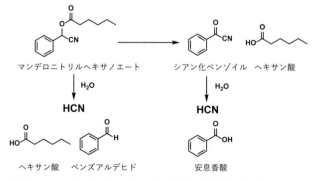

図9.2　コイタダニ属ダニにおける青酸の生成機構（Brückner *et al.*,
2017 をもとに作成）

サン酸に分解される．その後，シアン化ベンゾイルが加水分解されることで青酸と安息香酸が生成する．もう一つはマンデロニトリルヘキサノエートが加水分解されてエステル結合が切断されることによってマンデロニトリルとヘキサン酸に分解する．ヤスデで見られるリアーゼのような酵素がマンデロニトリルに作用することで，青酸とベンズアルデヒドが生成される．このようにほぼ多足類でのみ見つかっていたシアン化合物を利用した防御戦略が，ササラダニでも新たに見つかった．今回，青酸をもつことが報告されたコイタダニ属ダニは，日本でも至る所に生息するので見つけるのはそう難しくない．このように毒を利用するササラダニが身近にいるとは想像もしなかった．

9.2.7　応用的利用法

ヤスデ類から見つかったヒドロキシニトリルリアーゼは分子の立体化学を制御した反応を触媒するため，将来は医薬品など合成中間体の製造に利用される可能性がある．また，ヤドクガエルのアルカロイドはネッタイシマカやヒアリに対して低濃度で接触毒性を示すため，殺虫剤としての利用が模索されている．今回紹介したいくつかのヤスデとササラダニの防御物質にも，何か応用的な利用法があるのかもしれない．これからも土壌動物の化学防御から目が離せない．

〔清水伸泰〕

主な参考文献

Blum, M. S., 1996. Semiochemical parsimony in the Arthropoda. *Annu. Rev. Entomol.*, **41**, 353-374.

Eisner, T. *et al.*, 2005. *Secret Weapons: Defenses of Insects, Spiders, Scorpions and Other Many-legged Creatures*, Belknap Press.

桑原保正，1999．ヤスデの化学防御．環境昆虫学―行動・生理・化学生態―（日高敏隆・松本義明監修，本田計一ほか編），東京大学出版会，pp. 291-298.

Shear, W., 2015. The chemical defenses of millipedes (Diplopoda): Biochemistry, physiology and ecology. *Biochem. Syst. Ecol.*, **61**, 78-117.

清水伸泰, 2018．ダニと昆虫の多機能フェロモンとその活用術．昆虫と自然：特集「昆虫のフェロモン」，**53**，4-7.

第10章
土壌動物の適材適所
―群集生態学―

　我々人間を含めて，生き物たちのそれぞれが，最も自分の生き方に向いているといえる場所に存在できればそれほど幸せなことはないように思える．土壌動物の種類は常にそれぞれに適した環境に分布しているのか，環境の変化に応じて自らの特徴を変化させることができるのか．あるいは，全くそれほどうまくはできておらず，それぞれが自分に向かない場所でがんばることでその集団が成り立っているのか．その全体像はどのようにして理解できるのか．ここでは，様々な環境条件と，様々な種を含む集団（群集）の関係を明らかにする群集生態学（community ecology）の視点から土壌動物の特徴について説明する．

　群集生態学に限らず，生物学は生物の行動を気長に観察することを基本に発達してきた．土壌動物の研究が進まないのは，土の中の生物活動を自然状態で観察することが困難なためである．多くの生物種を含んでいることがわかっているにもかかわらず，人間による観察が困難であるために明らかにされていない3つの生物学的フロンティアとして，「熱帯雨林の林冠」「深海」，そして「土壌」があげられている．土壌動物は，極域から熱帯林，ジャングルから草原，畑，学校の校庭，家の裏庭，都市の植え込みに至るまで，植物の生産活動があれば，その裏返しとして必ず存在する．林冠や深海の生物と比べ，土壌生物は実質上いつでも，どこでも，望めばその手に乗せることができる．それにもかかわらず，ほとんどのことがわかっていない．土壌はあなたの眼前の暗黒とよぶこともできよう．

　一般に生物集団を研究する際には，生物の種類が少ない単純な集団や，観察が容易な生物集団で調べた方がわかりやすい．一方，土壌動物は地球上でも最もたくさんの生物密度があって，とても多くの分類群が含まれている．また，土壌動物の食物は，枯れ葉や微生物，他の動物など様々な栄養段階に属している上に，

同じ食物を様々な生物が何度も摂食したり，最上位の捕食者の死体を最下位の微生物が消費するなど，食べたり，食べられたりの関係がとても複雑である．観察できない困難さだけでなく，栄養源の複雑な構造のために，地上部の動植物と比較して，土壌動物の種類や分布，多様性がどのように決定されているのかなどわかっていないことが多い．

　生態学に関する理論のほとんどは，地上で目に見える植物や鳥獣，昆虫からなる陸上生態系から着想されており，それらの理論が土壌生物群集に適応できるのかについてはあまりわかっていない．陸上生態系の食物網理論は，一方が他方に一方向的に影響を与え，逆の作用を想定しない事例から構築されたのに対し，土壌生態系の食物網は，食べるもの，食べられたもの，それらすべてがまた死体となり食べられるものに還るという，双方向性や循環性があるため，食物網のシステムがそれぞれ大きく異なる．それでも単純な生物から着想された群集の理論は，複雑な土壌生物群集を理解する大きな助けとなっている．また，リサイクルを主体とする独特なシステムは，新たな生物間関係の理論を生み出すことがあるかもしれない．特に，土壌動物では，動物群集の多様性とその生態系機能の間の関係を理解する上で貢献が期待されるだろう．

　近年の生態学における土壌生物への注目とは別に，古くから，土壌生態学者たちは独自のテーマとして，土壌環境はなぜこんなに多くの生物を支えることができるのか，これほどたくさんの生物が1カ所で共存できるのはどうしてなのか，雑多な土壌動物が集まっていることには生態系の機能にとって何らかの意味があるのか，といった疑問に答えるために，環境の変化と複雑な土壌生物の関係について探求を続けてきた．本章では，食物網の理論とニッチの理論の大きく2つの生態学的視点から，土壌動物の組み合わせや多様性がどのように決まっているのか，という疑問にアプローチする．食物網は，資源，消費者，捕食者など，異なる栄養段階を含む生物間関係を指し，ニッチの理論は主に似た資源や環境を用いる生物同士の関係に関する理論を提示する．

10.1　生物の戦略とトレードオフ

　生物の世界は適者生存といわれており，それぞれの生物は何らかの環境に適した生存戦略をもっているから生き残っている．ただし，いかなる環境でも他より

優れた機能を発揮する形質をもった万能の生物はいない．ある形質に特化した場合，他の形質が犠牲になるトレードオフが存在するため，ある環境下で有利な生物は，他のある環境下では不利になりうるということである．

　例えば，できるだけたくさんの子孫を残す戦略として2つの戦略が考えられる．一つは幼体の死亡率を下げるために，できるだけ栄養の多い大きな卵を産むやり方で，もう一方は，死亡率が上がるリスクはあるが，小さな卵を大量に産み，絶対的な生存数を増加させるやり方だ．限られた資源のもとでは，これらを両立した，大きな卵を大量に産むという戦略がとれないため，いずれか，あるいはその間の戦略が採用されるだろう．これらのいずれが有利になるのかは，環境条件によって異なると考えられており，安定した環境では，子どもの死亡率が低い戦略が，不安定な環境では，出産数を多くする戦略が有利と考えられている（表10.1）．資源が少ない環境を得意とする大卵少産型の生物は，資源が多くなるなど得意とする環境と逆の状況になったとき，速く成長して繁殖開始を早め，急激に増殖して他の生物よりも競争力に勝り，それらの資源を独占して寡占状態になるということが「できない」と考えられる．一方，子孫をどんどん増やし，速く成長し，他の生物の資源を独占して寡占状態になる資源消費型の生物は，資源量の少ない環境において，資源不足のストレス状態下で長い期間生存し続けることができない．こちらを立てればあちらが立たない，というのが，生物の世界の重要なルールである．極端な戦略はある特定の状況下では有利になるが，他の状況では不利になりうる．一方で，どこでもそれなりに不利にならない中庸的なやり方はどうかといえば，それはどっちつかずな戦略で完全に有利になる状況を形成しにくい．

　例えばトビムシにおいては，土壌深度に伴って異なる生活史戦略をもつ種が棲み分けている．すんでいる場所に応じて，表面のリター層にすむ大型種を表層種（epiedaphon），腐葉土にすむ種類を半土壌種（hemiedaphon），鉱物土壌にすむ種類を真土壌種（euedaphon）と分けることができる（表10.2；Petersen, 2002）．これらは，単に異なる場所にすんでいるというだけでなく，そのすみ場所に適した特徴を

表10.1　生態戦略理論の違いとトレードオフ

生態戦略	小卵多産型	大卵少産型
出産数	多い	少ない
幼体死亡率	高い	低い
寿命	短い	長い
成長速度	速い	遅い
得意な環境	高攪乱頻度	安定環境
	偏在高栄養資源	遍在低栄養資源

それぞれもっている．表層種の生活環境の特徴は，養分に富む新鮮な落ち葉など，空間的な偏りのある栄養価の高い食物利用が中心であり，時空間的な変動の大きい外気に触れているため，物理ストレスの影響が強いという特徴がある．こうした環境に適応するため，その形態は，成体サイズが大きい，跳躍器が長い，目が多い，紫外線を防ぐ着色が顕著，鱗片毛で紫外線を反射する，といった形態的特徴をもつ．また，小卵多産，高成長速度，高物理ストレス耐性，

表 10.2 トビムシの生活形とトレードオフ

生活形	表層種	真土壌種
出産数	多い	少ない
体サイズ	大きい	小さい
繁殖	両性	無性
幼体（比）	小さい	大きい
卵	多産	少産
目	多い	少ない
移動力	大きい	小さい
対捕食行動	跳躍回避	忌避物質
代謝速度	大きい	小さい
食物	高栄養	低栄養
	偏在	遍在
得意な環境	変動環境	安定環境
	高ストレス	低ストレス

高移動力，高維持エネルギー消費といった，行動的特性や個体群動態の特徴をもつ．一方で真土壌種の生活環境は，養分に乏しい腐植や鉱質土壌などで，空間的に偏りのない質の低い食物に囲まれ，深い土壌で外気から遮断され，物理的なストレスからは守られている．これに適応するために，小成体サイズ，細長い，跳躍器の退化・消失，無眼，白色，通常毛などの形態上の特徴がある．また，大卵少産，低成長速度，低物理耐性，低移動力，低維持エネルギー消費などの行動的特性および個体群動態の特徴をもつ．半土壌性の種はこれら表層性と真土壌性の中間的な性質をもつとされている．

　あらゆる場所，あらゆる時期に，どんな種よりも子孫を増やせる種というものは存在しない．しかし，ある環境がある種の生物に有利だと考えられる状況は存在する．それぞれの種はみな自分の得意な場所と好機をもっている．それゆえに，環境の変化は，種の戦略的な組み合わせと強く関係しているはずなのだと「理論的に」考えられる．これが生態学者の考えの出発点となっている．生物と環境の関係を考える上では，常にこうした対立が存在していることを頭に入れながら読み解くことが，生態学的なものの見方をする訓練になる．

10.2 腐食食物網―食べる・食べられるのネットワーク―

　どの生物がどの生物を食べているのかを理解するのは，生き物やその機能を理解する上で最も基本的かつ重要な部分といえる．食物網（food-web）は，生物同

士の食べる・食べられる関係のリンクを結んだ栄養関係のネットワークである.
なお, 食物連鎖 (food-chain) は同様の食物関係を表した言葉だが, 連鎖が直線
的な関係を想定しているのに対して, 網はその食物関係が複雑に絡み合っている
ことを意識した言葉であるといえる. 生食食物網 (grazing food-web) は, 生き
た植物 (生産者) を植食者 (一次消費者) が食べるところから始まり, 二次消費
者, そして n 次消費者 (動物を食べる二次消費者以上は捕食者ともいう) とい
う栄養段階[注] をもつ食物網である. そして, 枯死した植物 (リターとよばれる)
や動物遺体などを微生物や土壌動物が摂食することから始まる食物網を腐食食物
網 (detrital food-web) とよぶ.

注) 栄養段階：植物や枯死有機物を食べる微生物などを起点とし, 食べられるものが
　　食べるものから 1 段階高くなる指標. ～次消費者という場合の次数を表す. 通常,
　　生食, 腐食食物網の基底生物は, 植物および微生物.

　第 3 章の図 3.4 に示した, 生産性の高低における植物-土壌相互作用のフィー
ドバックの対比に立ち戻ってみよう. 腐食食物網における生物の組み合わせや生
態系における機能は生態系の生産力によって異なっている (Wardle *et al.*,
2014). 植物の生産性が高い生態系では, 細菌のような代謝の速い微生物や, ミ
ミズなどの生態系エンジニアなどが優占するため, 植物は養分濃度の高い器官を
生産し, 植物遺体の分解は速い. 一方で植物の生産性が低い生態系では, 低資源
環境に耐えられる菌類や, 菌類を摂食するトビムシ, ササラダニなどの小型節足
動物が優占する群集となり, 植物の養分濃度は低いため, 分解が遅く, 腐葉土が
溜まりやすい. こうした系は全体に無駄遣いが少なく, 資源の利用効率の高い,
低い養分生産速度の土壌を形成する. 植物は得られる養分が少ないために, 葉の
養分濃度は低く, また, せっかくつくった葉をできるだけ大切にしようと, リグ
ニン, タンニンなどの防御物質をたくさん配分する. 防御にコストをかけるため
に, 植物自体の成長速度は低い. また, 土壌の養分をたくさん得る必要があるた
め, 幹を太く, 高くするよりも, 根をたくさんつくる努力が払われる.

　こうした植物と土壌のフィードバックシステムの対比は, 気候帯や, 森林の遷
移段階, 地形の違いなど, 様々な時空間スケールの生態系の特徴の違いに現れる.
例えば地形の例 (図 10.1) では, 谷などは水分が集まりやすいため, 葉の養分
濃度が高くなり, 落葉を直接摂食する大型腐植食者 (ミミズなど) が優占する系
となる. そこでは小さい生物のすみ場所である有機物層が消費されたり, 絶えず

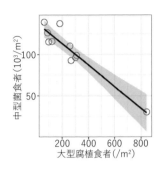

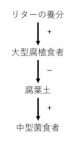

リターの養分
+
大型腐植食者
−
腐葉土
+
中型菌食者

図 10.1 北海道の様々な植生で調査した大型動物と中型動物の関係 資源やすみ場所など，直接，間接的影響を介して対比的な負の関係をもつ．

攪拌されたりするため，中型菌食者（トビムシ，ササラダニなど）の個体数が減少する．逆に，葉の養分濃度が低い場所では，大型腐植食者が少なくなり，トビムシやダニの優占度は高くなる．こうして植物の性質を起点に，大型土壌動物と中型動物は負の関係をもつ．

10.3 炭素，窒素の安定同位体比による食物網解明の試み

ここまで捕食者，被食者の栄養段階について，それぞれの代表的な食性が腐植であるか，菌であるか，動物であるか，大雑把に類推した前提で話をしてきた．しかし，本当はそれぞれの生物が何をどれだけ食べていて，エネルギー源としているのか，本章のはじめに述べたように，実際にはあまりわかっていない．

こうした問題を解決するために，近年では化学的な手法を用いた食物の推定が行われている．特に，炭素，窒素の安定同位体比，放射性炭素を用いた土壌動物の栄養段階や，もとの有機物源の特定の研究などが進んでいる．捕食者の窒素安定同位体は，被食者の同位体比よりも 3‰高くなるため，窒素の安定同位体比を調べることで，その生物の栄養段階を知ることができる．ただし，有機物は分解に伴って同位体比が増加するため，腐ったものが何度も再利用される土壌においては，同じ栄養段階でも，生活深度が深くなるにつれて炭素や窒素の安定同位体比が増加する．

図 10.2 では，トビムシの餌ソースである異なる層位の腐植層がマッピングされており，リターの腐植化が進行するにつれて炭素および窒素の安定同位体比が増加している．トビムシはすべて微生物食だが，微生物が利用する有機物の深さごとの同位体比の違いを反映し，表面にすむ表層種から深いところにすむ真土壌

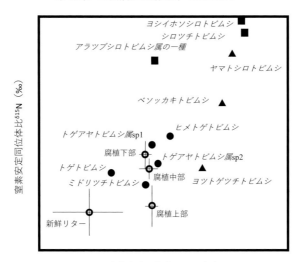

図 10.2 微生物食（トビムシ）の炭素・窒素安定同位体比（Hishi *et al.*, 2007 を改変）
◎：有機物，●：表層性，▲：半土壌性，■：真土壌性のトビムシ.

性の種まで，同位体比が増加する傾向がみられる（Hishi *et al.*, 2007）．このように，トビムシ同士が類似した栄養段階に所属しているにもかかわらず，表層種と深い土壌にすむトビムシの窒素同位体比の差は7‰もあり，炭素も同様に4‰ほど上昇する．これは栄養段階で2段階分の差になり，安定同位体からの土壌動物の栄養段階推定が困難であることがわかるだろう．実際に異なる栄養段階も含め，トビムシ，ササラダニ，ヤスデなどの腐植食者と，捕食者を同時にマッピングしたものが図10.3である．点線で囲まれた捕食者の集団は，炭素，窒素の安定同位体比が高いことで，栄養段階が高いことが確認できる．ただし，先ほどのトビムシの例にあるように，被食者のばらつきが比較的大きく，腐食食物網では資源のリサイクルなどが生じるために，食物網上の位置が定めにくい.

　土壌生態系は長い時間をかけて有機物を多くの生物が複数回利用していく生態系である．したがって，食べ物がどれくらいの時間を経ているのかということが，土壌生態系の食物網を理解する上ではとても重要になる．動物の体に含まれている放射性炭素を用いて有機物の年代測定を用いると，植物がいつ光合成でつくった有機物を食べたのかがわかる（図10.4）．この有機物の年代測定では，1960年代に盛んに行われた核実験において，人工的に大気中で増加した放射性炭素が，

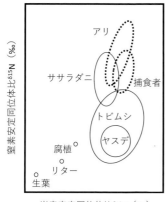

図 10.3 土壌動物の炭素・窒素安定
同位体比の例（Okuzaki *et
al.*, 2009 を改変）
点線で囲まれた部分は捕食者，丸はそ
の他の腐植食の被食を表している．

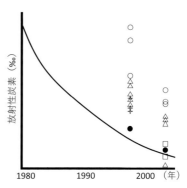

図 10.4 放射性炭素を用いた食物源の年代
推定（Hyodo *et al.*, 2006 を改変）
実線：大気 CO₂，○：材食シロアリ，△：
土壌食シロアリ，⊕：キノコシロアリ，□：
ハチ，●：リター．

核実験が禁止されて以降に減衰していく速度から固定した有機物の年代を推定している．図 10.4 は熱帯雨林のデータだが，木材を食べるシロアリが 12～18 年前に生産された最も古い炭素を利用しており，葉をきのこに分解させて，それを消費するキノコシロアリが利用していたのは，5～9 年前に生産された炭素，また，生食食物網のハチは 0～4 年前に生産された炭素を用いていた．また，他の熱帯地域の研究（Hyodo *et al.*, 2015）では，生食食物網の下位の生物は 0～4 年前，腐食食物網の動物は 6～50 年以上前の古い炭素を用いていることに加え，昆虫食コウモリなどの陸上生態系の高次消費者は平均して 4～8 年ほどの古さの有機物を起源としていることがわかった．つまり，コウモリのような高次消費者が腐食食物網からの餌の流入によって地上の生物だけでなく，土壌生物のエネルギーを利用していることが明らかとなっている．陸上生態系の食物網は，土壌生態系の食物網とつながることで安定した構造をもっている．

10.4 生き物の集団の多様性はどのように決定されるのか

10.4.1 種と機能群による群集の把握
土壌動物にとって重要な環境要因は，土壌の理化学性に関わる，水分，酸性度，

窒素やカルシウムなどの養分濃度など，また，土壌の有機物源となる植物の種類
や，その葉や根の成分や形，すみ場所となる有機物の積もり方などがあげられる．
他にも生物同士，特に生態系創出者が他の生物に与える影響も重要となる．これ
らのすべての環境要因の軸について，集団の変化を予測するのは現実的ではない
し，どのように表現すればよいのかも見当がつかない．筆者が北海道の森林でト
ビムシの群集を調査した結果，22 もの環境要因に対して，優占する 20 種のほと
んどが異なる環境要因に反応していたことがわかった（図 10.5）．例えば，各種
のトビムシの個体数と有意な相関があった環境要因のうち，最も多くの種と相関
を示したのは冬季の土壌凍結融解頻度であるが，82 種中たったの 4 種しか説明
できなかった．トビムシはたくさんの種類が，たくさんの得意分野をもっている

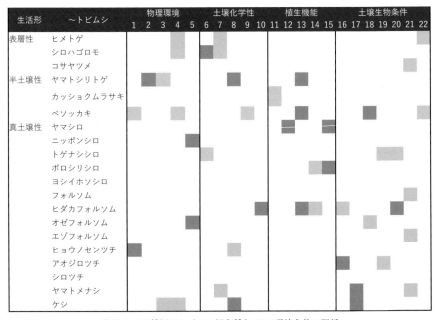

図 10.5　20 種類のトビムシ優占種と 22 の環境条件の関係
強い相関（$r > 0.63$, $P < 0.05$, $n = 10$）がある環境とトビムシの組み合わせには色がついている．薄い
灰色と濃い灰色は，正負の関係をそれぞれ示している．たくさんの種類がそれぞれ別の条件に反応して
おり，トビムシの多様なニッチを表している．
1：年間直達日射量，2：集水面積，3：地温日較差，4：年間凍結融解頻度，5：年平均地温，6：含水率，
7：有機物層堆積量，8：土壌 pH（H_2O），9：土壌炭素/窒素比，10：土壌窒素無機加速度，11：地上部
生産量，12：地下部生産量，13：落葉リター窒素濃度，14：下層植生密度，15：落葉期間長，16：真菌/
細菌バイオマス比，17：微生物バイオマス，18：ミミズバイオマス，19：大型腐植食者密度，20：大
型捕食者蜜度，21：小型捕食者密度，22：ササラダニ密度．

から共存できているのだろう.

　一方で，このように種ごとの特性をそれぞればらばらに説明した情報を統合して，群集の顔ぶれを何とか説明するような従来の方法では，系統や優占する種が全く異なる他の大陸や地域の群集と比較することができない．そのため群集間の共通性などを見出し，その成り立ちについての一般的な法則を見つけるのは困難である．これを解決するために，土壌動物の研究でよく行われていたのは，先述した表層性，半土壌性，真土壌性などの分け方を利用することである．これは機能群といわれるあらっぽい分け方で，大まかにどのようなタイプがどういった状況で多くなるのかを理解するのに役立つものの，1つの森林におよそ数十種を含むトビムシの各種をたった3つの情報にするのは多くの情報を捨てる乱暴なやり方だと考えられていた．人間をたった4つの血液型に類型化するのはどうかと思う，といったように，カテゴリー化を嫌うのと似ているのかもしれない．かくして，これまでの研究は，種ごとに説明すると細かすぎて，機能群で説明すると大雑把すぎるという問題を抱えていた.

10.4.2　機能形質による群集解析法の発達

　この十年足らずで急速に発達した機能形質をもとにした解析法は，これらの問題を解決すると期待される新しい方法である．環境に対して，個体や種のパフォーマンスに影響する，形態的（morphological），生理的（physiological），個体群動態的（phenological），または行動的（behavioral）な特徴を定量的に示したものを機能形質（functional trait）とよぶ．例えば代表的なトビムシの機能形質値を図10.6に示している．各種の形質にはロールプレイングゲームに登場するキャラクターの能力を示すパラメーターのように，それぞれの項目の数値が割り当てられていて，どのような環境が得意，不得意なのかを形質の大小で比較することができる．例えば体サイズは物理的なストレスに対する耐性に直結する形質と考えられており，環境のストレスが強いところでは体サイズが大きい種類が選択されるので，集団に体長が大きい種類が偏って選ばれているかどうかを調べることでこれを検証できるのだ．こうした各種の特性のパラメーターを見ることで，例えばロールプレイングゲームでいえば，魔法への耐性が高く，魔法攻撃型のモンスターが多い洞窟で強い職業とか，物理的な攻撃に対する防御力が高いジョブが，物理攻撃系のモンスターが多いフィールドでは重宝する，などの特性が判断でき

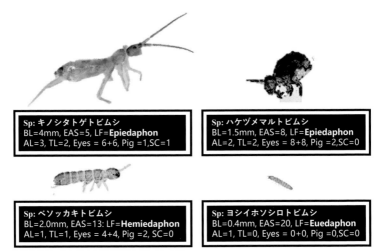

図10.6　トビムシの代表的な機能形質（Hishi *et al.,* 2019 をもとに作図）
種名（Sp），体長（BL），土壌適応スコア（EAS），生活形（LF），触覚長（AL），跳躍
器長（TL），目の数（Eyes），着色程度（Pig），鱗片毛（SC）.

るようなものである.

　機能形質は，各個体，種の特徴のそれぞれを定量化することで，種間，個体間
の違いを連続的に表すことができ，情報の損失がなく，種や個体の特徴を余すこ
となく評価できる．また，系統的に全く異なる種が分布するところでも，環境に
対する反応を同じ尺度で比較することが可能であり，世界中の異なる系統間の環
境と生物のニッチの関係でも同様の解釈が可能になった．近年発達してきた群集
の機能形質の研究では，環境は，種そのものや個体そのものを選んでいるのでは
なく，その環境に対応する機能形質を選んでいるのだ，という前提に立って，環
境に対する機能形質の変化を観測することで，生物群集と環境の間にあるルール
を見出そうとしている．機能形質を用いなければ，異なる地域で，他の地域の研
究者には馴染みのない異なる優占種の環境に対する増減についてのパターンをそ
れぞれ記載するしかなかったが，共通の機能形質を用いることができれば，「乾
燥した立地では，体サイズが増加し，眼の数が多いトビムシが選択された」など，
共通の定量的な表現が可能になるため，群集の一般則が発見しやすくなる（McGill
et al., 2006）.

10.4.3　環境による群集の機能形質選択の原理

また，生物群集の成り立ちについて，Vellend（2016）が，生物の分布がどのように決まっているのかについての大枠を整理したことで，複雑な生物集団の動きが理解しやすくなった．生物群集の成立要因は大きく，選択，分散，種分化，浮動の4つに分類できるとされている．選択とは，環境や種間関係などにより，種や個体が選択される必然的なプロセスを指す．分散とは，個体の移動力や地理的な障壁に関連して，種の移出入の可否を表す過程である．種分化は新たな種の創出を表すプロセスである．個体ベースの進化生態学では（突然）変異がこれに対応する．最後に浮動は，選択の必然性に反して，偶然的なプロセスを指す．物事には「必ず」因果があり，入力刺激に対して対象が反応する必然性が存在する，という前提で自然科学は進んできたが，偶然性の存在が群集のプロセスを理解する上で極めて有用であることが近年示されている（Hubbell, 2001）．とはいえ，4つのプロセスのうち，最も生物の研究に馴染み深いのは，長年研究されてきた，必然性に関わる選択のプロセスだろう．

選択の過程は生物が様々なフィルターをとおしてその場所に残る選別の過程として理解されている（図 10.7）．地域にすんでいる多数の生物のプールから，分散によってランダムな地域への移出入が生じる．そこから環境は，そこに適応できる機能形質をもつ種を選択する．このとき，群集には選ばれた機能形質の面において，群集内には，互いに似た機能形質をもつものが同所的に共存することに

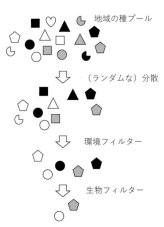

図 10.7　群集フィルターモデル
地域に存在する種のプールのうち，ランダムな部分集合が分散効果によってある場所に到達することができる．特定の機能形質（図では丸と五角形）をもつ種のみがその場所の非生物環境に耐えることができる．同一の機能群の中では競争が生じ，似た機能をもつ種は排除される．最後に残った2種は同じ場所で異なる資源を利用するので共存できる．

なる．この過程を環境フィルター（environmental filtering）という．一方で，似たニッチをもつ生物同士は競争し，他方を排除するか，あるいは時間的な棲み分け（これも時間という資源を分け合っているのだが）を行ったりして，ニッチの重複が避けられる過程がある．ニッチが重ならないように類似した機能形質の種が排除され，異なる機能形質をもつ種が選択される過程を生物フィルターとよび，特に似ていない生物が選択される過程を指して，類似性制限（limiting similarity）という．

　トビムシの例では，狭い面積の中で，多くの表層種が共存するのは資源の奪い合いで難しいかもしれないが，新しい有機物を食べる表層種，古い有機物を食べる腐植食種，土壌を食べる真土壌性の種はそれぞれすむ層位や食べるものが違うので，狭くても同じ場所に共存できる．互いに似ていない方がうまくやっていける．

　環境フィルターと生物フィルター，これらは自然界ではどちらも起こっている．一般的には環境の変化が小さいスケールにおいては，類似性制限（すなわち生物フィルター）が，環境の変化が大きいスケールでは，環境フィルターが卓越すると考えられている．例えば，土壌の有機物量や水分量などの環境変化が小さい範囲では直接個体同士の競合が生じやすいし，ある程度の環境の幅があれば様々な環境がそこに含まれるため，環境の選択性が働きやすくなるからだ．

10.4.4　環境フィルターと類似性制限の実例

　環境フィルターは，それぞれの環境に適した機能形質を選択する．ここで先ほど種ごとの反応をみた北海道のトビムシ群集（図 10.5）に形質アプローチを用いてみる．筆者が勤務していた九州大学北海道演習林がある足寄町は，オホーツク海から十勝にかけての道東にあり，降水量が 700〜800 mm 程度と，日本でも最も雨が少なく，乾燥の影響を受けやすい地域である．また，緯度が高く，太陽の入射角が低いため，南向き斜面の乾燥の程度は北斜面よりもずっと大きく，斜面方位間での環境の違いが大きい（菱ほか，2010）．このように環境の変異性が大きい範囲でトビムシを調べたところ，南向き斜面には大きなサイズのトビムシ，北向き斜面には小さなサイズのトビムシが選択され（Hishi *et al.*, 2022；図 10.8），それぞれの場所では似た大きさのトビムシが結果的に集まっている．

　一方，環境の変化があまり大きくない場所では，類似性制限が優勢になり，同

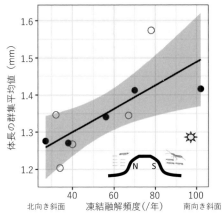

図10.8 九州大学北海道演習林のトビムシ群集の平均体長と凍結融解頻度の関係（菱, 2022）
南向き斜面の方が北向き斜面よりも日当たりがよく，凍結融解頻度や湿潤乾燥のストレスが高い．南斜面には大型の表層種と半土壌種，北斜面には真土壌種が優占する．なおこの図のトビムシ群集は図10.5と同様のデータを用いている．種ごとの反応と比べて，機能形質を用いれば，環境と集団の関係をシンプルに説明することができる．

所的に異なる性質のトビムシが集まるプロセスが観察される．例えば，植生や地形の条件が一様なヨーロッパアカマツ一斉林では，異なる機能形質をもつもの同士（より似ていない同士）が同じ場所で共存し，場所と場所の間ではあまり機能形質が違わない（Widenfalk *et al.*, 2016）．この研究で得られたトビムシは，水平方向での種類の変化はほとんどなかったが，土壌の深さ方向にトビムシが棲み分けて共存していたのだと考えられている．ここでの生物フィルターの過程は，群集内で同じ性質同士の組み合わせを競争によって排除したためだと考えられている．生物の世界では，「似たキャラは潰す」競争排除則という原理が働くことがしばしばあり，この仕組みによってメンバーのキャラ立ちが著しいグループ，つまり機能的多様性の優れた群集が形成され，どの場所でも多様な機能が発揮される原動力となっている．

10.4.5 気候変動と土壌動物群集の選択過程

地球温暖化に対する反応も実験的に調べられている．温暖化は，単純に温度が上昇する現象として捉えられているが，雪国の冬では全く異なる現象が生じる．温暖化で雪が雨になったり，積雪量が減少したりすると，普段は雪の断熱効果によって凍らないはずの土壌が冷気にさらされるため，頻繁に凍結融解の強いストレスにさらされ，寒冷化するという逆説的な現象が生じる．地形の例で見たように，冬期の凍結は生物の生活史に強く影響するため，特にその影響を強く受けると考えられている北極圏でトビムシの機能形質の変化などが調べられている．実

験的な温暖化により，雪を融解させた場合，トビムシの個体数や種数に変化はないものの，大型の表層種がストレスによって増加する（Bokhorst *et al.*, 2012）．このように，環境の変化に対して機能形質の応答をみることで，選択過程による群集の決定機構が明らかにされつつある．さらに分子生物学を取り入れ，進化史的な側面との相対的な重要性が今後明らかにされていくだろう．なお，環境変化とトビムシの機能形質の関係については，菱（2022）で詳しく説明されている．

　気候変動の影響は二酸化炭素を測る方が直接的でより重要に思えるのに，なぜわざわざ土壌動物などという間接的で回りくどい方法を用いて調べるのか疑問に思われるかもしれない．気候変動は単に温度による物理反応によってCO_2増加と相互関係をもっているのではない．土壌生態学者は，世界の大きな変化がもたらす不可逆的な多様性の劣化によって，生物同士のつながりの分断や改変が生じることが環境問題の本質にあるのではないかと考えているからだろう．

10.5　土壌動物群集を調べる楽しさ

　研究者は，それぞれ固有の色眼鏡で世界を眺めている．自然の地形や地理的条件，人為インパクト，気候変動などにまつわる諸問題は，トビムシの集団がどのように形成されているのかという課題に挑むことから見ることができる．土壌動物の研究は，虫そのものの生き方への興味はもちろんあるが，それを支える土，生態系，生物多様性のあり方など大きな問題を学ぶ入口として最適の材料である．

　植物学者の数は多く，植生がわかっていない場所を探すほうが難しい．したがって，植物では生物地理や系統進化，ニッチ過程の相対的な重要性が全面的に明らかにされつつある．一方，トビムシやその他の土壌動物の研究者の数は，陸上昆虫の研究者数と比較してもとても少なく，国土を網羅する種の地理的な分布情報や，国内種の系統情報が植物と比べると不十分であり，わかっていないことがたくさんある．土壌動物はたくさんの種類を扱うので，分類に不安を感じるところもあるが，幸いにして，日本には日本産土壌動物の図鑑（青木，2015）があり，トビムシやダニなどを検索表で種まで調べるのにとても敷居が低くなっている．土壌動物を扱うテーマは，本書で紹介してきたように，自然の土壌動物の集団のつくり方から，林業や自然災害，また気候変動などの環境問題を評価するための重要なツールとなっている．

　また，前段の話をひっくり返すように聞こえるかもしれないが，分解者としての必要な機能に対して，トビムシの種数は無駄に多い（冗長性という）とも考えられている．デボン紀にはほぼ全陸域に分布していたといわれ（Janssens and Lawrence, 2002-2012），その後そのまま，翅を獲得することもなく，捕食者に挑んでみたものがいるわけでもなく，土の中で4億年経った現在でも，大して姿も行動も変えずに世界中に優占し続けている．どことなく進化的に怠惰でありながら頑強なこの生物には，個人的には他の生物にない凄みを感じる．進化の最初に必要なものすべてを手に入れてしまったのだろうか？　そして，その高い多様性が，いばるほど生態系に貢献しているのかよくわからず，邪魔にもならないから環境問題として論じられることもなく，微妙な環境変化に右往左往している姿を観測していると，大きな社会の流れにわけもわからず巻き込まれながら，周りに迷惑をかけないようになんとか生きている自分と大して変わらんかもな，とシンパシーを感じることもある．その時々，誰かの役に立つことより，誰の邪魔にもならないことが長期繁栄の秘密だったのだろうか．同時に，世界の原動力はこうしたつまらない個々の個体の活動によるのかもしれない，と世界を描ける可能性をも感じる．ぜひともみなさんの中から，眼前の暗闇の一隅を照らし，愛すべき生物の新たな生き様を発見してくれる研究者が現れることを願う．　〔菱　拓雄〕

主な参考文献

青木淳一（編著），2015．日本産土壌動物（第二版）―分類のための図解検索―，東海大学出版会．

菱　拓雄ほか，2010．九州大学北海道演習林の天然落葉広葉樹林およびカラマツ人工林における斜面方位に着目した土壌と大型土壌動物の特徴．九大演報，**91**，1-6．

Hubbell, S. P., 2001. *The Unified Neutral Theory of Biodiversity and Biogeography*, Princeton University Press.（平尾聡秀ほか（訳），2009．群集生態学―生物多様性学と生物地理学の統一中立理論―，文一総合出版.）

Janssens, F. and Lawrence, N., 2002-2012. Are Collembola terrestrial Crustacea? (http://www.collembola.org/publicat/crustacn.htm)

Vellend, M., 2016. *The Theory of Ecological Communities*, Princeton University Press.（松岡俊将ほか（訳），2019．群集生態学の理論：4つのルールで読み解く生物多様性，共立出版.）

第11章 土壌動物を活用した学校教育プログラムの提案

　土壌動物は生物教材として非常に有効である．その理由は，採集効率が天候や気温に左右されにくいこと，季節を通じて見つけやすいことに加え，動きが緩慢な土壌動物も多くいることから，低年齢の児童も見つけやすく採集しやすく，そして観察しやすいことにある．また，花壇やプランターのようなちょっとした土壌の中にも土壌動物は生息しているし，前日などに近所の林から土壌を採取（もちろん採取するために土地の所有者に許可を得ておくのは必要）して紙袋に入れ，冷暗所に置いておくなどの工夫で，都会の小学校や中学校でも教材としての利用が可能となる．

　土壌動物を使った授業を実施するにあたっては，文部科学省で告示されている学習指導要領の内容に基づき，さらに各学校の年間指導計画に基づいた活動を進めることになる．そこで，学習指導要領の内容に沿った土壌動物を活用した教育プログラムを小学校（生活科，理科），中学校とそれぞれ提案する．内容などを確認し，児童・生徒の実態や自然環境などに配慮し活用していただきたい．自然観察の実践については萩原（2019）を参照のこと．末尾には，これまでの実践を通して，初めての方々がしてしまいがちな注意点もまとめた．ぜひ参照していただき，効率よい学校教育プログラムの実施に役立てていただきたい．

11.1　小学校で土壌動物を扱う教育プログラムの提案

11.1.1　生活科（第1学年）に関連したプログラム

　学習指導要領（平成29年告示）によると，生活科は「具体的な活動や体験を通して，身近な生活に関わる見方・考え方を生かし，自立し生活を豊かにしてい

くための資質・能力を次のとおり育成することを目指す」科目である．そこで，学習指導要領にある学習内容の「(5) 身近な自然を観察したり，季節や地域の行事に関わったりするなどの活動を通して，それらの違いや特徴を見付けることができ，自然の様子や四季の変化，季節によって生活の様子が変わることに気付くとともに，それらを取り入れ自分の生活を楽しくしようとする」「(6) 身近な自然を利用したり，身近にある物を使ったりするなどして遊ぶ活動を通して，遊びや遊びに使う物を工夫してつくることができ，その面白さや自然の不思議さに気付くとともに，みんなと楽しみながら遊びを創り出そうとする」や「(7) 動物を飼ったり植物を育てたりする活動を通して，それらの育つ場所，変化や成長の様子に関心をもって働きかけることができ，それらは生命をもっていることや成長していることに気付くとともに，生き物への親しみをもち，大切にしようとする」などを関連させた土壌動物を教材とする教育プログラムを提案する．

(1) プログラム（第1学年）

○プログラム名：土の中の生きもののせわをしよう．

○実施時期：4〜10月（枯れ葉が落ちる頃までを目安に）

○対応する教科書ごとの単元名

いきものとなかよし，生きものとなかよくなろう，生きものだいすき，なかよくなろうね　小さなともだち，生きもの大すきなど．

○学習のねらい

校庭で見つけ採集した土壌動物を世話することで，生き物に親しみをもつことができるようになり，それら生き物が生命をもっていることに気づき，大切に世話をしようとする感性を育てることをねらいとする．

○対象とする土壌動物

ヤスデ，ミミズ，アリ，ダンゴムシ，ワラジムシ，コガネムシの幼虫など肉眼で観察しやすく親しみやすい大型土壌動物

○準備するもの

・土壌動物を捕まえるための道具：採集場所に事前に設置する植木鉢（割れていてもよい）や大きな石など，移植ごて，ピンセット，土壌動物を入れる容器

・世話をするための道具：水槽（または透明なケース），餌を入れる小さい皿，餌を刺す竹串，観察のための虫めがね，観察カード（図11.1，11.2）

・虫が苦手な児童への配慮のための道具：ビニール手袋など

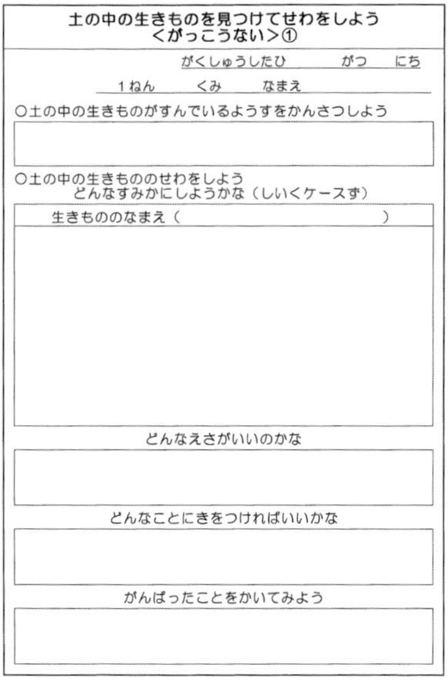

図 11.1　観察カード①

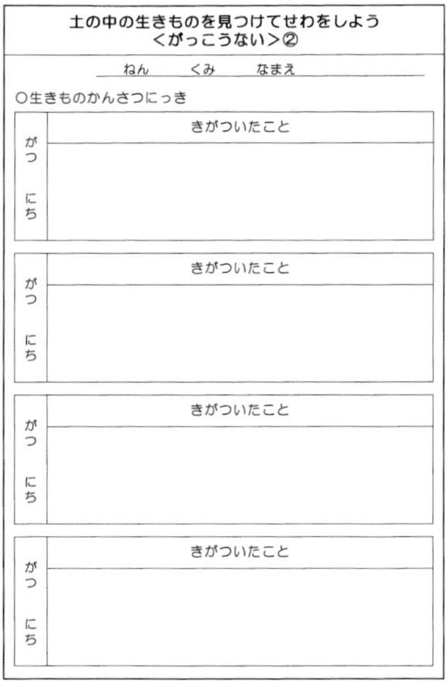

図 11.2　観察カード②

(2) プログラムの流れ

【事前準備】（60 分）

① 土壌動物が生息している可能性が高い採集ポイントを確認する（40 分）

＜採集ポイントの例＞

　　石，植木鉢，プランター（数日前から設置する） → ダンゴムシ・ワラジムシ

　　校舎の縁や草地など → アリ

　　落ち葉の下，草地，花壇 → ヤスデ・ミミズ・コガネムシなどの幼虫など

② 採集ルートの確認およびグループ分けをする（20 分）

・採集ポイントの確認：興味関心が低い児童には，採集ポイントを事前に知らせ
　るためのシート（簡単な地図）を用意する．

・グループ分け：3〜4 人程度のグループ編成をする．

【学習活動】（2 コマ分，90 分）

① 当日の学習内容を確認する（10 分）

・学習課題「校庭にいる土の中の生き物をみつけて世話をしよう」を話す．

・『土の中の美しい生き物たち』（朝倉書店）などの参考図書を用いて対象とする
　土壌動物を簡単に紹介し，見つけたい動物をグループで決めさせる．

・見つけたい土壌動物を校庭で探すポイントをグループで考えさせる.

② 校庭で土の中の生き物を見つける（35分）

・捕まえた土壌動物の名前と見つけた場所を観察カード①に記入する.

・捕まえた土壌動物を透明なケースに入れる.

③ 土壌動物の世話の準備をする（25分）

・捕まえた場所を参考にして，水槽の中の環境（すみか）について話し合う.

・観察カードに書いたすみかを水槽の中につくる.

＜設定のポイント＞

・水槽の下に敷くのは土かそれとも砂か？

・乾燥した環境か，湿った環境か？

・落ち葉があるのか，石の下にいたのかなどなど

　※飼育ポイントが記載された図書やインターネットなどで調べることもできる.

④ これから世話をする上での注意点を話し合い，観察カードに記入する（10分）

・餌は何がいいのか？　例）アリ：ハチミツ，乳酸飲料，にぼしなど

　　　　　　　　　　　　　ダンゴムシ：落ち葉，小さく切った果物

・どんなことに気をつければいいのか？

　※参考図書を図書室で探してみんなで確認することも可能である.

⑤ 学習のまとめをする（10分）

・今日の活動でがんばったことや失敗したことを観察カード①に記入する.

・これから1週間程度の期間，継続して観察していくことを伝える.

・日々の観察結果を観察カード②に記入し，気づいた点をグループでまとめ，自分たちがつくった環境が土壌動物にとって適しているのかどうかを考えさせる.

　※観察していく中で，餌を食べたか，食べているところは見られたか，日中はどのような場所にいるか（石の下にいたなど）を記録させる.

　※注意として，土壌動物の世話をするのは1週間程度を目安にして，終了したら，見つけた場所に返してあげることまでを一つのプログラムとする.

11.1.2　小学校理科での土壌動物を扱う場合の教育プログラム

　理科では，様々な自然の事物・現象を対象にして学習を行う．そして，理科の学習を通して，自然の事物・現象についての理解を図り，観察，実験などに関する基本的な技能を身に付けるようにするとともに，問題解決の力や自然を愛する

心情，主体的に問題解決しようとする態度を養うことを目標としている．自然の事物・現象を対象として，このような目標を実現するために，対象の特性や児童の構築する考えなどに基づいて，「Ａ物質・エネルギー」と「Ｂ生命・地球」の内容の区分に整理される．土の中の生き物を活用した学習は「Ｂ生命・地球」の区分であり，その区分の中でも「生命」の領域となる．

　学習指導要領にある学習内容の「身の回りの生物の様子について追求する中で，差異点や共通点を基に，身の回りの生物と環境との関わり，昆虫や植物の成長のきまりや体のつくりについての問題点を見いだし表現すること」に関連させた土壌動物を教材とする教育プログラムを提案する．

(1) プログラム（第 3 学年）

○プログラム名：それぞれの環境にいる土の中の生きものを観察しよう．

○実施時期：4〜10 月（枯れ葉が落ちる頃までを目安に）

○対応する教科書ごとの単元名

　こん虫を調べよう，こん虫の世界，こん虫の育ち方，こん虫のかんさつなど．

○学習のねらい

　身近にある様々な環境に着目して，それぞれの環境のもとで生息している土壌動物の種類の違いや大まかな数の違いなどを比較し，土壌動物と環境との関わりについて問題を見出し，表現するとともに，土壌動物が周辺の環境と関わって生きていることを捉えられるようにすることを目的とする．

○対象とする土壌動物

　肉眼で観察しやすいサイズのダニやトビムシなどの中型土壌動物や，ムカデなどの大型土壌動物

○準備するもの

・土壌動物を見つけるための道具：バット（白），ピンセット，模造紙（白色），篩（メッシュサイズは 5 mm 程度が適している），虫眼鏡，ルーペ，透明なケース（土壌動物の一時保存のため）

・記録するための道具：観察シート（図 11.3），クリップ付きボード，簡易検索表（図 11.4），土壌動物関係の図鑑（『落ち葉の下の小さな生き物ハンドブック』『土の中の小さな生き物ハンドブック』『土の中の美しい生き物たち』など）

　・虫が苦手な児童へ配慮のための道具：ビニール手袋など

土の中の生き物を使って身近な自然環境を調べよう

　　　　　　　　　　　　　　　　　学習日　　　月　　　日
　　　　　3年　　　組　　　番　氏名

○土壌サンプルデータ

採集日	令和　　年　　月　　日（　　　）　天気（　　　　　）
採集地	
採集者	

○自然度判定のための土壌動物グループ分け（見つけることのできたものに○）

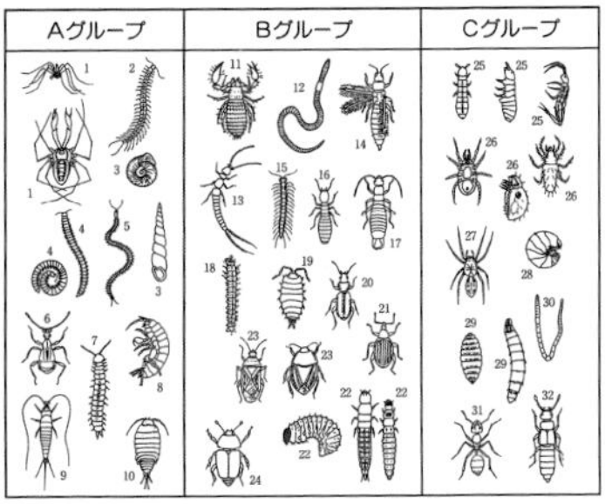

Aグループ	Bグループ	Cグループ

Aグループ
1. ザトウムシ（3〜5mm）
2. オオムカデ（4〜13cm）
3. 蟻類（2mm〜3mm）
4. ヤスデ（1〜5cm）
5. ジムカデ（3〜5cm）
6. アリヅカムシ（1〜3mm）
7. コムカデ（4〜7mm）
8. ヨコエビ（3〜10mm）
9. イシノミ（1〜1.5cm）
10. ヒメフナムシ（4〜7mm）

Bグループ
11. カニムシ（2〜4mm）
12. ミミズ（3〜40cm）
13. ナガコムシ（3〜4mm）
14. アザミウマ（1.5〜3mm）
15. イシムカデ（1.5〜2.5cm）
16. シロアリ（3〜8mm）
17. ハサミムシ（1〜3cm）
18. 刀肢類（3〜20mm）
19. ワラジムシ（3〜8mm）
20. コムシ（0.5〜2cm）
21. ゾウムシ（4〜8mm）
22. 甲虫（蛹室）（3mm〜3cm）
23. カメムシ（2〜6mm）
24. 甲虫（2〜30mm）

Cグループ
25. トビムシ（1〜3mm）
26. ダニ（0.3〜3mm）
27. クモ（2〜10mm）
28. ダンゴムシ（5〜13mm）
29. ハエ・アブ（幼虫）（2mm〜2cm）
30. ヒメミミズ（5〜15mm）
31. アリ（2〜10mm）
32. ハネカクシ（3〜10mm）

動物名のあとの（　）内はおよその体長を示す。（青木, 1985）

○土壌動物による自然度の判定表

A	ザトウムシ　ジムカデ　　　イシノミ オオムカデ　アリヅカムシ　ヒメフナムシ 陸貝　　　　コムカデ ヤスデ　　　ヨコエビ	（　　　）×5 ＝ □	
B	カニムシ　　シロアリ　　　ゾウムシ ミミズ　　　ハサミムシ　　甲虫（幼虫） ナガコムシ　刀肢（幼虫）　カメムシ アザミウマ　ワラジムシ　　甲虫 イシムカデ　コムシ	（　　　）×3 ＝ □	合　計 土壌動物に よる自然度
C	トビムシ　　ダンゴムシ　　アリ ダニ　　　　ハエ・アブ（幼虫） ハネカクシ　クモ　　　　　ヒメミミズ	（　　　）×1 ＝ □	

図11.3　青木式：土壌動物を用いた「自然の豊かさ評価」のための観察シート

(2) プログラムの流れ

【事前準備】（30 分）

① 校庭や学校周辺で，林，草地，グラウンドなどの場所を確認する（20 分）

② ハンドソーティング法（11.3 節（2）参照）の説明を行い，場所別にグループ分けをする（10 分）

　※グラウンドは土壌動物が少ないので，グループ分けは林とグラウンド，草地とグラウンドなどのように 2 つの植生をセットにして 1 グループが担当するのがよい．

【学習活動】（2 コマ分，90 分）

① 1 コマ目の学習内容を確認する（10 分）

・学習課題を話す．「それぞれの環境にいる土の中の生き物を観察しよう」

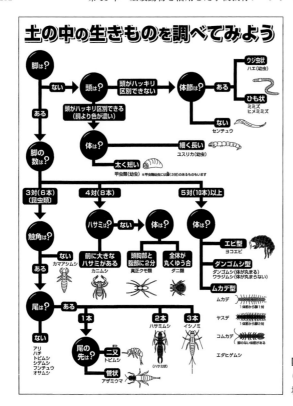

図 11.4　簡易検索表
（ミュージアムパーク茨城県自然博物館, 2007）

・土壌動物について，図鑑の写真などを見せながら簡単な説明をする．

・土壌動物の種類数が多い場所はどんな場所かを予想して，グループで話し合わせて，みんなの前で発表させる．

② それぞれの場所に移動して土壌動物を見つける（35 分）

・見つけた土壌動物を観察シートや簡易検索表で絵合わせをして，観察シートに記録する．

・絵合わせができなかった土壌動物は透明な容器に入れて一時保存する．

③ 2 コマ目の学習内容を確認する（5 分）

・それぞれの環境で見つけた土壌動物の特徴を調べること，また，自然度の判定表をもとに環境ごとの自然度を計算することを説明する．

④ それぞれの環境で多く見られた土壌動物の特徴を図鑑などで調べるとともに，自然度の判定表をもとに自然度を計算する（20 分）

・様々な特徴（餌は何を食べているのか，どのような植生環境で見つかっているのかなど）を見つけてまとめる．

⑤ それぞれの環境で見つけた土壌動物を述べるとともに，多く見られた土壌動物の特徴を説明し，最後にそれぞれの環境の自然度を発表する（15分）

・同じ環境を調べた他グループと結果の共通点や相違点などの情報を交換する．

⑥ 学習のまとめをする（5分）

・今日の活動で気づいたことやわかったことを観察カードに記入する．

11.2 中学校理科で土壌動物を扱う場合の教育プログラム

(1) 理科との関連

　学習指導要領によると，中学校理科の第2分野の目標には「(2) 生命や地球に関する事物・現象に関わり，それらの中に問題を見いだし見通しをもって観察，実験などを行い，その結果を分析し解釈し表現するなど，科学的に探求する活動を通して，多様性に気付くとともに規則性を見いだしたり課題を解決したりする力を養う」があげられている．内容として「身近な生物についての観察，実験などを通して，いろいろな生物の共通点や相違点を見いだすとともに，生物を分類するための観点や基準を見いだして表現すること」があげられている．土壌動物は陸上生物や水中生物に比べ，比較的簡単に様々な分類群の種を容易に採集できることから，「生物の観察と分類の仕方」にある「生物の観察」および「生物の特徴と分類の仕方」を学ぶための生物教材として適していると思われる．そこで，これに関連させた土壌動物を教材とする教育プログラムを提案する．

(2) プログラム（第2学年）

○プログラム名：無セキツイ動物（土壌動物）の特徴を調べよう

○実施時期：4～10月（枯れ葉が落ちる頃までを目安に）

○学習のねらい

　校庭や学校周辺に生息する土壌動物の観察を行い，いろいろな生物が様々な場所で生活していることを見出して理解するとともに，土壌動物を観察するための器具の操作，観察記録の仕方などの技能を身に付けること．また，いろいろな生物を比較して見出した共通点や相違点をもとにして分類できることを理解するとともに，分類の仕方の基礎を身に付けることを目的とする．

○対象とする土壌動物

　ヤスデ，ムカデ，ダンゴムシ，ワラジムシ，ミミズ，ナメクジなどの大型土壌動物や，ダニ，トビムシ，コムカデなどの中型土壌動物

○準備するもの

・土壌動物を捕まえるための道具：篩，模造紙（白色），バット（白色），ピンセット，紙袋，ツルグレン装置，ビーカー，70％エタノール水溶液，移植ごて

・観察するための道具：ルーペ，双眼実体顕微鏡，ケント紙（スケッチ用），土壌動物図鑑

(3) プログラムの流れ

【事前準備】（30分）

① 校庭や学校周辺で様々な土壌動物が生息している可能性が高い場所を確認する（15分）

＜ポイント＞

　落ち葉などが堆積している，土が乾燥していない，土が硬く締まっていない場所には多くの種類の土壌動物を観察しやすい．

② 採集場所の確認およびグループ分けをする（15分）

・採集場所を確認する．（採集ポイントを事前に知らせる）

・土壌採集用の袋を用意する．

・虫が苦手な生徒に配慮する．（ビニール手袋の用意など）

【学習活動】（2コマ分，90分）

① 1コマ目の学習内容を確認する（10分）

・学習課題「土壌動物を採集する．その後，それぞれの生き物の体のつくりに着目しながら共通点と相違点を見つけて分類する」を話す．

・ハンドソーティング法を用いた大型土壌動物の採集方法，ツルグレン装置を用いた中型土壌動物の採集方法（11.3節（3）参照）を説明する（萩原，2019）．

② 採集場所で，ハンドソーティング法で大型土壌動物を見つけ，見つけた土壌動物をビーカー（70％エタノール水溶液を入れた）などの容器に入れる．大型土壌動物を採集した土壌を紙袋などに入れて教室に持ち帰る（25分）

③ 教室に持ち帰った土壌をツルグレン装置にセットして，中型土壌動物を抽出開始する（10分）

④ 2コマ目の学習内容を確認する（5分）

・採集した土壌動物をグループメンバーで確認し，様々な形態の生き物たちがいることを確認する．

・確認した種類の中から興味をもった形態の土壌動物に着目して簡便なスケッチをさせて，体のつくりを比較し分類を行う．

⑤ 着目した土壌動物の体のつくりで分類を行う（20分）

＜着眼点＞

なかなか分類ができそうにないグループがいた場合は，外皮が硬い or 柔らかい，脚がある or ない，脚は3対 or 4対以上，体節がある or ないなどの観点を示す．

⑥ グループごとに分類した結果を発表する（15分）

・どのような観点で分類したのかをスケッチを使って説明する．

・自分たちのグループと他のグループの着目の違いなどを確認する．

　※同じ土壌動物を別に区分していないか，別の観点で区分していないかなどをグループ間で互いに確認する．

⑦ 学習のまとめをする（5分）

・円盤検索表（青木，1995；巻末資料を参照）や簡易検索表（図11.4）の分類形質を確認して，自分たちの着眼点の有効性を考えさせる．

　※ヤスデとムカデの違い（1体節に脚が1対 or 2対）や，ワラジムシとダンゴムシ（尾の部分が丸いか突起があるか）の違いを理解して区別していたかなどを確認する．

11.3 教育プログラムに活用する上での注意点

　土壌動物はいろいろな環境の場所に生息しているため，学校教育のプログラムに利用可能な有効な生物材料である．しかし，小さいサイズの土壌動物も多くいることから，見つけにくいだけでなく，見つけたとしても種の同定が難しいという欠点もある．採集・確認できないことには授業は進められないし，また見つけた土壌動物が何なのかがわからないままでは，児童・生徒は興味をもたなくなってしまう．

　そこで，土壌動物の観察会などをしてきた経験から，初めての人たちが勘違いしやすい作業上の注意点を以下に述べる．

土壌動物の見つけ方の注意点

　土壌動物を採集する方法としてハンドソーティング法,ツルグレン装置法,ベールマン装置法,オコナー装置法などがある(島野, 2019)が,ここでは小中学校の授業の中で使いやすいハンドソーティング法とツルグレン装置法について説明する.

(1) 観察場所の選定

　土壌動物は様々な環境の土壌中に生息しているが,学校のグラウンドの地面をむやみやたらに掘っても土壌動物を見つけることは非常に難しい.というのは,グラウンドは踏みつけられて硬くなっているだけでなく,日当たりがよく乾燥しているため,生息しているのは乾燥に耐えることができる種類だけになり個体数も非常に少なく見つけることがなかなか難しい環境なのである.他の環境との比較を行う目的で利用するのであれば問題は生じないが,小学生低学年で実施する生活科のように,児童たちに土壌動物を紹介する目的の授業では適切な場所とはいえない.土壌動物たちを紹介する目的であれば,多くの土壌動物が好んで生息するような地面が湿っている林や草地などで行う方がよい.大きな石や朽ち木などの下にはミミズやムカデのような大型土壌動物が潜んでいることが多く,ダニやトビムシなどの中型土壌動物は落ち葉の下の土壌の層(地表下 0〜5 cm 程度)に集中して生息している(青木, 1973).

　注意:　ハンドソーティング法とツルグレン装置法の両方にいえることであるが,土壌動物が食べているのは,土壌ではなく落ち葉などである.したがって,土壌そのものには土壌動物は少ない.また,土壌を試料に入れるとハンドソーティング法では見つけられなかったり,ツルグレン装置法では抽出効率が著しく低下したりする.そこで,落ち葉の層+落ち葉が触れ合っている土壌の表面のみを土壌試料とする方がよい.よく見かけるのは,表面の落ち葉を除き移植ごてやスコップで穴を掘って土壌から動物を探す姿だが,専門家であっても,土壌そのものから土壌動物は容易には見つけられない.

(2) ハンドソーティング法

　肉眼では見つけにくい中型土壌動物を現場で観察するために,バットなどを用いた方法を行うとよい.このときに注意する点は,バットの中に入れる土の量である.多くの土壌動物を見つけようとして,バットの中にぎっしりと土を入れる児童・生徒が少なからず出てくるので,作業がしやすい程度の量(目安としてバッ

図 11.5　バットに土を入れすぎた状態（左）と適量の状態（右）

トの容積の 1/4〜1/3 程度）をバットの一端に寄せて崩しながら見つけることを
教えておく必要がある（図 11.5）．

　また，篩を使ったハンドソーティング法もある．ここで注意することは篩の網
の目のサイズ（メッシュサイズ），篩に入れる土の量，シートの柄と色などである．

　篩のメッシュサイズ：　メッシュサイズが大きいと様々なサイズと種類の土壌
動物が採取できるが，土や枝葉なども多くふるい落とされるために見つけにくく
なる．一方でメッシュサイズが小さいとふるい落とされる枝葉は少なくなるが，
ふるい落とされる土壌動物も少なくなる．そのため対象とする土壌動物によって
メッシュサイズを変える必要があるが，5 mm 程度のメッシュサイズが様々な大
きさの土壌動物をふるい落とせるため使いやすい（図 11.6）．

　篩に入れる土の量と振り方：　土壌動物をたくさん見つけようとして篩の中に
たくさん土を入れすぎてしまうと，効率的にふるうことができなくなり，逆に見
つけにくくなる．篩にはおにぎり 1〜2 個程度の土を入れて行った方が効率的で
ある（図 11.7）．また，篩の振り方にも注意が必要である．篩の縁を軽くたたい
たり，篩を左右に軽くふるったりするだけで土壌動物は落下してくる．振り回す
ことがないように指導しておく．

　シート：　篩でふるい落とした土壌動
物を受け止めるシートは，無地で白色の
ケント紙や安価なビニールクロスなどが
よい．柄があったり，色があったりする
と土壌動物を見つけにくくなるだけでな
く，土壌動物を探そうとシートを注視す
ることで目が疲れやすくなるので，裏返
して白面で使用する．また，ふるった土

図 11.6　100 円均一ショップなどの水切り
（メッシュサイズは 5 mm 程度）

図11.7　篩に土を入れすぎた状態（左）と適量の状態（右）

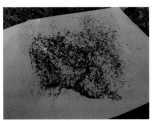

図11.8　ふるいすぎた状態（左：見つけにくい）と均一にふるった状態
　　　　（右：見つけやすい）

がなるべく均一になるようにした方が見つけやすくなる（図11.8）.

(3) ツルグレン装置法

　ツルグレン装置を使用することで，肉眼では見つけにくいサイズの土壌動物を採集（土壌動物の研究者は「抽出する」という表現を使う）できる. 効率よく抽出するためには注意する点がいくつかある. また，ツルグレン装置を100円均一ショップで買い集めた材料で自作することについては，萩原（2019）を参照のこと. 以下に示すように，適切ではない使い方をすると，土壌動物たちを効率よく抽出できないだけではなく，ツルグレン装置から土壌動物たちが教室内に逃げ出して大騒ぎになることや，最悪の場合は火事につながることもあるので注意が必要である.

　篩のサイズとメッシュサイズ：　篩のサイズは使いやすい大きさで問題はないが，一般的に大きいほど土を多く入れられるのでたくさんの土壌動物を観察しやすい. 小さいサイズでも数を多くすることで土壌動物を多く観察することができる. 中型土壌動物などを抽出する目的であれば，篩の目のメッシュサイズはハンドソーティング法より小さめの目の2 mm程度のサイズが適している. しかし，校庭のように乾燥していたり，砂が多く含まれていたりすると落下する土の量が

多いので，篩の面積より小さく切った水切りネットや網戸のアミなどを置いてその上に土をのせるなどの工夫をするとよい．

篩に入れる土の量： 土壌動物をたくさん抽出しようと，たくさんの土を篩に入れてしまいやすい．しかし，土壌の間隙に生息する土壌動物の大半は土を掘り進むのが得意ではないため，土が厚いと移動できず篩の中で死ぬ個体が増える．篩にのせる土壌をなるべく薄く広げることで，篩の下に落ちていく土壌動物が増えることになる．目安となる篩に入れる土の厚さは2〜3cmもあれば充分で，それ以上厚くしても効率はよくない（図11.9）．また，篩の面積は広い方が土壌動物は落下しやすい．最も注意してほしいのは，篩の中に入れた土を絶対に圧縮しないことである．ふかふかの状態にしておくことで土壌動物が移動しやすくなるので抽出効率は高くなり，多くの種類の土壌動物を観察することができる．

光源（＝熱源）の種類： 土壌動物は乾燥を嫌い，土が乾燥すると重力方向（下方向）に移動する．そのため，発熱量が大きい白熱電球は熱源として有効で，白熱電球を利用したツルグレン装置は土壌動物の抽出効率がよい．一方で，白熱球型の蛍光灯や現在よく利用されているLEDは発熱量が小さいことから，抽出は難しい（加藤ほか，2013）．ペットを保温するための保温電球やパネルヒーターなどをLEDなどと併用すると，温度が上昇しすぎることもなく，安全に効率よく土壌動物を抽出できる．抽出効率を高めようとして，白熱電球のワット数を大きくしたり，電球を土壌になるべく近づけたりするのは厳禁である．土壌が急激に熱くなり土壌動物は移動できずに土の中で死んでしまうだけでなく，熱くなりすぎて枯れ葉が発火する危険性がないとはいえないので注意していただきたい．

受ける容器： 土壌動物の研究者は，通常受ける容器にエタノールを入れて直ちに土壌動物を固定してしまう．しかしここでは，土壌動物を生きたまま観察するために，土壌動物を受ける容器には土壌動物が抜け出せず，乾燥しないようにする工夫が必要である．ペトリ皿などの底が浅い容器だと土壌動物が逃げてしまうし，底の面

図11.9 篩に入れる土の量が多すぎる状態（左）と適切な量（右）

図11.10　道具（ピンセット）に目印をつけていない場合（左：見つけにくい）と目印をつけている場合（右：見つけやすい）

積が狭いと肉食性の土壌動物種が他個体を捕食してしまう．そこで，底面積が広く，深めの容器が推奨される．ただし，容器の内壁にはタルク（粉末滑石）やフルオン（塗料）の塗布が必要である．塗布しないと，壁面を登って容器から脱出する．

(4) 道具の管理

　野外に持ち出す道具には，採集用のピンセットや，観察用のルーペなどの小型のものは，地面に置き忘れると探すのが非常に困難になるので，テープなどをつけておくよい（図11.10）．探しやすいだけでなく，非常に目立つために置き忘れなどを防ぐ効果もある．　　　　　　　　　　　　　〔湯本勝洋・萩原康夫〕

主な参考文献

青木淳一，1973．土壌動物学—分類・生態・環境との関係を中心に—，北隆館．
青木淳一，1995．土壌動物を用いた環境診断．自然環境への影響予測—結果と調査法マニュアル—（沼田　真編），pp. 197-271，千葉県環境部環境調査課．
青木淳一，2005．だれでもできるやさしい土壌動物のしらべかた—採集・標本・分類の基礎知識—，102 pp.，合同出版．
萩原康夫，2019．第4章 土壌動物を対象とした自然観察会の案内．土の中の美しい生き物たち，pp.139-152，朝倉書店．
金子信博，2007．土壌生態学入門—土壌動物の多様性と機能—，東海大学出版会．
加藤良一ほか，2013．使い捨てカイロとペットボトルを用いた簡易型ツルグレン装置．山形大学紀要，15，341-352．
永野昌博・澤畠拓夫（編），2009．雪・森・農のめぐみとつながりを考えるシリーズ1．森を支える小さな戦士—落ち葉の下の生き物たち—．十日町市里山科学館「森の学校」キョロロ，十日町市．
島野智之，2019．第1章 土壌動物とは何か．土の中の美しい生き物たち，pp.1-10，朝倉書店．

付録：系統樹をつくってみよう

　第7章では，土壌動物の多様性研究における系統解析，および，それに関連する分野について解説を行ったが，ここでは実際に系統樹をつくる方法を紹介したい．

　動物から DNA を抽出し塩基配列を決定するには，専用の機器が必要であり，研究機関に所属していない人が簡単にできることではない．しかし，学術論文に用いられた DNA データは, International Nucleotide Sequence Database（INSD）というデータベースに登録することになっており，そこに登録された DNA データは誰でも無料で使用することができる．また，取得した DNA データから系統樹を作成するソフトもフリーソフトやオンラインで利用できるものがある．したがって，公表された DNA を用いて系統樹をつくるだけなら，誰でも無料でできる．ただし，信頼性の高い系統樹を作成するためには，塩基置換モデルや系統樹の作成方法,統計解析による検証など様々なことを検討する必要がある．したがって，学術目的で系統樹を作成したいと考えている人は専門書を読んで勉強する必要がある．ここでは，これまで系統樹の作成をした経験のない人が「とりあえずつくる」ことを想定して，その方法を紹介する．

　系統樹の作成は，（1）DNA データを取得する，（2）複数の DNA データをアライメントする，（3）系統樹を作成する，の3つの行程に区分できる．（1）はいくつかの web サイトで実行可能であるが，web で数多く紹介されている GenBank（https://www.ncbi.nlm.nih.gov/genbank/）を使った方法を紹介する．また，（2）と（3）についても様々な解析ソフトが開発されており，慣れるまでは何を使ってよいか混乱するほどである．本節では，ダウンロードをせずに web 上 で す べ て 完 結 で き る MAFFT（https://mafft.cbrc.jp/alignment/software/）というソフトを使用する．

（1）GenBank にて DNA データを取得する（図1）

① web ブラウザで「GenBank」を検索し，「GenBank Overview - NCBI - NIH」を開く．

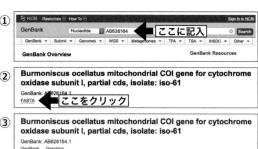

図1　web サイト「GenBank」から DNA データを取得する方法

②上部の空欄にアクセッション番号（Accession No.）を記入し「Search」をクリックする（図1の①）．

アクセッション番号とは，各遺伝子に付けられた固有番号である．アクセッション番号のかわりに学名や遺伝子領域を記入することもできるが，解析するすべての種で同じ遺伝子（オルソログ，ortholog）を用いる必要がある．最初は，論文に記載されているアクセッション番号を用いて練習することを勧める．表1に，

表1　ヤエマヤモリワラジムシ（*Burmoniscus ocellatus*）のアクセッション番号

島名	アクセッション番号
宮古島	AB626164
	AB626165
石垣島	AB626166
	AB626169
西表島	AB626173
	AB626174
与那国島	AB626155
	AB626156

与那国島，西表島，石垣島，宮古島のヤエヤマモリワラジムシのミトコンドリア
DNA COI 遺伝子領域のアクセッション番号を記すので，まずはこれで練習をし
てみてほしい.

③ DNA 情報が書かれた画面が出力されたら「FASTA」をクリックする（図 1
　の②）.

④ FASTA 形式の DNA データが現れるので，Word やメモ帳などにコピー ＆
　ペーストする（図 1 の③，④）.

　FASTA 形式とは DNA データを記述する形式の一つで，「>」に続けて DNA
データの名前を書き，改行して DNA データを書いたものである. 解析したい種
をすべてコピー ＆ ペーストしておく.

(2) MAFFT にてマルチプルアライメントを行う（図 2）

① web ブラウザで「MAFFT」を検索し，「a multiple sequence alignment
　program - MAFFT」をクリックする.

② サイトが開いたら左欄の「Alignment」をクリックする.

図 2　web サイト「MAFFT」にて，マルチプルアライメント
　　　　および系統樹を作成する方法

③新しい画面が出力されたら「Input」の空欄に上記で取得したDNAデータを「コ
ピー＆ペースト」する（図2の①）．テキストファイルでDNAデータを作成
した場合は，「選択」からファイルを指定することもできる．画面をスクロー
ルして「Submit」をクリックする．

（3）MAFFTにてNJ法の系統樹を作成する（図2）

④上記の③が終わると新しい画面が出力されるので，「Phylogenetic tree」をク
リックする（図2の②）．上部の「Tree」をクリックしてもよい．

⑤新しい画面が出力されたら「Go!」をクリックする（図2の③）．系統樹が作成
される．

　この画面の「Method」は系統樹の作成方法，「Substitution model」は塩基置
換モデル，「Bootstrap」は系統樹の信頼性を評価するための統計検定の設定を行
うことができる．詳しく理解するためには専門書で勉強する必要があるので，最
初は変更せずに「Go!」をクリックしてよい．少し慣れたら「Bootstrap」を「On」
にチェックして「Go!」をクリックしてみてほしい．すると，系統樹上に数値が
出力される．この数値が100に近いほど，その数値が描かれている枝の信頼性が
高いと判断できる．

⑥「View tree on Phylo.io」もしくは「View tree on Archaeopteryx.js」をクリッ
クすると系統樹が出力される．どちらの方法とも，左欄で線の太さや文字の大
きさの設定ができる．また，左下の「SVG」（View tree on Phylo.io の場合），
「Download」（View tree on Archaeopteryx.js の場合）で画像ファイルとして

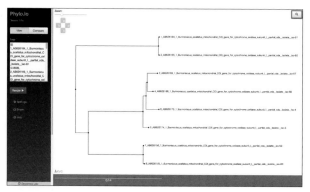

図3　「View tree on Phylo.io」にて系統樹を作成した場合の出力画面
　　　　動物名が長くて見づらい．

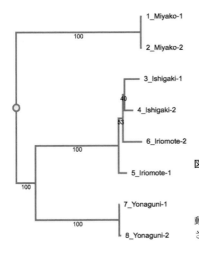

図4　「Bootstrap」を「On」にチェックし
「View tree on Archaeopteryx.js」に
て出力したのち，「Download」から
「PNG」で保存した系統樹
動物名を短縮し，系統樹の出力画面で線の太
さや文字の大きさを変更した．

保存することができる．

　GenBank のデータをそのままコピー＆ペーストしたデータを使って作成した系統樹は，動物名が長くて見づらく感じるだろう（図3）．FASTA 形式の DNA データの「>」以降の文字は自由に変えてよいので，例えば「Iriomote-1」のように変更して見やすい系統樹を作成することができる（図4）．ただし，日本語は使えない．　　　　　　　　　　　　　　　　　　　　　〔唐沢重考〕

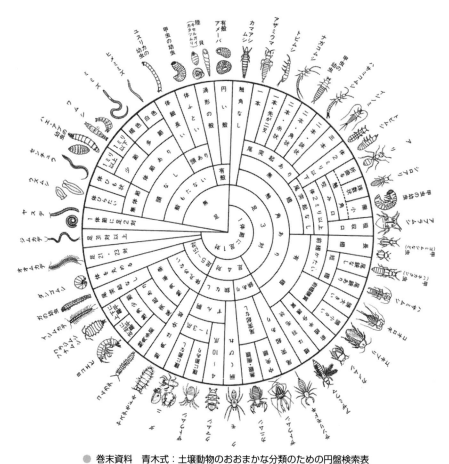

● 巻末資料　青木式：土壌動物のおおまかな分類のための円盤検索表

青木淳一，1994．土壌動物．指標動物—自然をみるものさし（新装版）—（日本自然保護協会編），pp.252-257＋末尾別表，平凡社．

索　引

編者略歴

しま の さと し
島野智之

1968 年　富山県に生まれる
1997 年　横浜国立大学大学院工学研
　　　　 究科博士課程修了
現　在　法政大学国際文化学部／
　　　　 自然科学センター教授
　　　　 博士（学術）

は せ がわもとひろ
長谷川元洋

1967 年　大阪府に生まれる
1997 年　京都大学大学院農学研究科
　　　　 博士後期課程単位取得退学
現　在　同志社大学理工学部教授
　　　　 博士（農学）

はぎ わら やす お
萩原康夫

1965 年　福岡県に生まれる
1991 年　茨城大学大学院理学研究科
　　　　 修士課程修了
現　在　昭和大学富士吉田教育部教授
　　　　 博士（医学）

土の中の生き物たちのはなし　　　　定価はカバーに表示

2022 年 7 月 1 日　初版第 1 刷

編　者　島　野　智　之
　　　　長 谷 川　元　洋
　　　　萩　原　康　夫
発行者　朝　倉　誠　造
発行所　株式会社　朝　倉　書　店
　　　　東京都新宿区新小川町 6-29
　　　　郵 便 番 号　162-8707
　　　　電　話　03（3260）0141
　　　　F A X　03（3260）0180
　　　　https://www.asakura.co.jp

〈検印省略〉

新日本印刷・渡辺製本

萩原康夫・吉田　譲・島野智之編著

土の中の美しい生き物たち
―超拡大写真でみる不思議な生態―

17171-6 C3045　　　　B 5 判 172頁 本体4000円

トビムシ，コムカデ，ザトウムシなど，身近な自然の土中にいながら目にとまらない小型土壌動物を美しい生態写真で紹介。さらに土壌動物の基礎的な生物学から，美しい生態写真の撮り方，観察会の開き方まで解説した土壌動物観察の必携書。

法大 島野智之・北教大 高久　元編

ダ　ニ　の　は　な　し
―人間との関わり―

64043-4 C3077　　　　A 5 判 192頁 本体3000円

人間生活の周辺に常にいるにもかかわらず，多くの人が正しい知識を持たないままに暮らしているダニ。本書はダニにかかわる多方面の専門家が，正しい情報や知識をわかりやすく，かつある程度網羅的に解説したダニの入門書である。

感染研 永宗喜三郎・東邦大 脇　　司・
日獣医大学 常盤俊大・法政大 島野智之編

寄　生　虫　の　は　な　し
―この素晴らしき，虫だらけの世界―

17174-7 C3045　　　　A 5 判 168頁 本体3000円

さまざまな環境で人や動物に寄生する「寄生虫」をやさしく解説。[内容]寄生虫とは何か／アニサキス・サナダムシ・トキソプラズマ・アメーバ・エキノコックス・ダニ・ノミ・シラミ・ハリガネムシ・フィラリア・マラリア原虫等／採集指南

感染研 永宗喜三郎・法政大 島野智之・
海洋研究開発機構 矢吹彬憲編

ア　メ　ー　バ　の　は　な　し
―原生生物・人・感染症―

17168-6 C3045　　　　A 5 判 152頁 本体2800円

言葉は誰でも知っているが，実際にどういう生物なのかはあまり知られていない「アメーバ」。アメーバとは何か？という解説に始まり，地球上の至る所にいるその仲間達を紹介し，原生生物学への初歩へと誘う身近な生物学の入門書。

エフシージー総研 川上裕司編

アレルゲン害虫のはなし
―アレルギーを引き起こす虫たち―

64049-6 C3077　　　　A 5 判 160頁 本体3000円

近代の都市環境・住宅環境で発生し，アレルゲンとして問題となる，アレルゲンとなりうる害虫を丁寧に解説。習性別に害虫を学ぶ入門書。〔内容〕室内で発生／室内へ侵入／建材・家具などから発生／紙・食品・衣類を加害する／対策法

兵庫県大 橋本佳明編

外　来　ア　リ　の　は　な　し

17172-3 C3045　　　　A 5 判 200頁 本体3400円

海外から日本に侵入する「外来アリ」について，基礎から対策までを解説。ヒアリ・アカカミアリ／アルゼンチンアリ／アシナガキアリ／ヒゲナガアメイロアリ／ツヤオオズアリ／オオハリアリ／コカミアリ／ハヤトゲフシアリ他を取り上げた。

前富山大 上村　清編

蚊　　の　　は　　な　　し
―病気との関わり―

64046-5 C3077　　　　A 5 判 160頁 本体2800円

古来から痒みで人間を悩ませ，時には恐ろしい病気を媒介することもある蚊。本書ではその蚊について，専門家が多方面から解説する。〔内容〕蚊とは／蚊の生態／身近にいる蚊の見分け方／病気をうつす蚊／蚊の防ぎ方／退治法／調査法／他

日本土壌肥料学会「土のひみつ」編集グループ編

土　の　ひ　み　つ
―食料・環境・生命―

40023-6 C3061　　　　A 5 判 228頁 本体2800円

国際土壌年を記念し，ひろく一般の人々に土壌に対する認識を深めてもらうため，土壌についてわかりやすく解説した入門書。基礎知識から最新のトピックまで，話題ごとに2〜4頁で完結する短い項目制で読みやすく確かな知識が得られる。

寺山　守・久保田敏・江口克之著

日　本　産　ア　リ　類　図　鑑

17156-3 C3645　　　　B 5 判 336頁 本体9200円

もっとも身近な昆虫であると同時に，きわめて興味深い生態を持つ社会昆虫であるアリ類。本書は日本産アリ類10亜科59属295種すべてを，多数の標本写真と生態写真をもとに詳細に解説したアリ図鑑の決定版である。前半にカラー写真（全属の標本写真，および大部分の生態写真）を掲載，後半でそれぞれの分類，生態，分布，研究法，飼育法などを解説。また，同定のための検索表も付属する。昆虫，とりわけアリに関心を持つ学生，研究者，一般読者必携の書。

上記価格（税別）は 2022 年 6 月現在